TECHNIK IN 30 SEKUNDEN

Die 50 wichtigsten Innovationen aus der Geschichte der Technik

Herausgeber
James Trevelyan

Autoren
Roma Agrawal
John Blake
Colin Brown
George Catalano
Doug Cooper
Kate Disney
Roger Hadgraft
Jan Hayes
Marlene Kanga
Gong Ke
John Krupczak
Raj Kurup
Julia Lamborn
Andrew McVeigh
Seán Moran
Paul Newman
Hung Nguyen
Jenn Stroud Rossmann
Veena Sahajwalla
Tomás A. Sancho
Jonathan Scott
Tim Sercombe
Paul Shearing
Donglu Shi
Matthew L. Smith
Jorge Spitalnik
Neill Stansbury

Illustrationen
Nicky Ackland-Snow

Librero

Titel der Originalausgabe:
»30-Second Engineering«

Postbus 72, 5330 AB Kerkdriel, Niederlande

Erstveröffentlichung: Ivy Press, ein Imprint von
The Quarto Group, 2019

Herausgeber: **Susan Kelly**
Künstlerische Leitung: **Michael Whitehead**
Chefredakteur: **Tom Kitch**
Art Director: **James Lawrence**
Projektleitung: **Katie Crous**
Gestaltung: **Ginny Zeal**
Illustrationen: **Nicky Ackland-Snow**

Aus dem Englischen von **Markus Roduner**
Lektorat und Satz: **G & R Vilnius**, Litauen
Gedruckt und gebunden in China

ISBN: 978-94-6359-277-2

Inhalt

EINFÜHRUNG

James Trevelyan

Vieles, was wir wahrnehmen, hat mit Technik zu tun. Sie ist Grundlage menschlicher Zivilisation, die ohne neue Ideen und fundiertes Wissen so nicht existieren würde.

Die Tätigkeit von Ingenieuren bleibt bis heute für viele ein Rätsel. Manche glauben, sie beschäftigten sich im Wesentlichen mit komplizierten mathematischen Berechnungen. Dabei verbringen die meisten damit nur relativ wenig Zeit. Sie bauen beispielsweise Brücken und Autos, aber nur die Wenigsten wissen, wie man ein Auto repariert oder eine Brücke saniert: Ingenieure sind vor allem kenntnisreiche Kopfarbeiter.

Sicherheit gilt als oberstes Gebot für Ingenieure. Nach Unfällen lernen sie aus Fehlern und geben ihre Erfahrungen weiter, indem sie die Normen verbessern.

Um ihre Tätigkeit schätzen zu können, sollten wir sie grundsätzlich verstehen. Trotz der enormen Vielfalt von mittlerweile fast 300 spezialisierten Bereichen des Ingenieurwesens weist die Arbeit von Ingenieuren große Ähnlichkeiten auf. Die meisten von ihnen gehen bei ihrer Arbeit von einer Handvoll gängiger Konzepte und Methoden aus, die im ersten Kapitel erläutert werden.

Was also tun Ingenieure wirklich? Sie entwerfen mit fundiertem technischem Wissen Konstrukte und Systeme, die uns helfen, mit weniger Kraft-, Zeit-, Material- und Energieaufwand bei höherer Sicherheit und geringerer gesundheitlicher Beeinträchtigung unsere Ziele zu erreichen. Später betreuen sie deren Umsetzung und Instandhaltung.

In der ersten Projektphase konzipieren die Ingenieure sichere Lösungen, berechnen, wie gut sie voraussichtlich funktionieren und welche Kosten Bau, Betrieb, Wartung und schließlich Rückbau und Entsorgung verursachen. Sie informieren Investoren über mögliche Risiken und deren Konsequenzen. Vertrauen muss gewonnen werden, bevor die Investoren in der zweiten Phase bereit sind, die Mittel zur Verfügung zu stellen – lange bevor das Projekt Gewinn abwirft.

Ingenieure arbeiten sehr oft in großen Teams. Sie planen und organisieren die einzelnen Komponenten, Geräte und Materialien, um sie daraufhin zu modifizieren, zu verarbeiten und zu kombinieren. Sie gehen dabei nach vorgegebenem Zeitplan und Budget vor. Dabei müssen sie mit Unwägbarkeiten fertigwerden und den Fortgang der Arbeiten, deren Sicherheit und Umweltverträglichkeit garantieren. Nach Abschluss der Arbeiten betreuen sie den Betrieb, die Wartung sowie die Modernisierung ihrer Konstruktionen. Und schließlich kümmern sich die Ingenieure um Rückbau, Entsorgung, Umweltsanierung sowie das Recycling der Materialien.

Ingenieurleistungen müssen in einer Qualität erbracht werden, die die Investoren zufriedenstellt. Einen Großteil seiner Zeit verbringt der Ingenieur mit der Koordination der beteiligten Fachleute. Ihr Erfolg ist nicht selten ein Spiegelbild gemeinsamer Anstrengungen von unzähligen Ingenieuren und Arbeitern, die über die ganze Welt verteilt sein können. Für die Einschätzung der Performance und für Problemlösungen brauchen die Ingenieure vergleichsweise weniger Zeit.

Schwankungen in Materialqualität und Umweltbedingungen bedeuten für die Ingenieure immer einen Rest an Planungsunsicherheit. Um diese zu reduzieren, haben sie systematische Methoden entwickelt, die erstaunlich genaue Prognosen ermöglichen. Noch vor hundert Jahren konnte sich angesichts der abenteuerlichen Kunststücke der Luftfahrtpioniere kaum jemand die erstaunliche Sicherheit und Zuverlässigkeit moderner Verkehrsflugzeuge vorstellen.

Erfindungsgeist und Innovationsdrang, verbunden mit Erfahrung und Standardvorgaben, sind Grundlagen des Ingenieurberufs. Ein weiteres Prinzip ist die Verpflichtung, weder Verluste noch Schäden zu verursachen und Ressourcen schonend zu verwenden. Eine gute Zusammenarbeit setzt das Vertrauen von Kunden, Auftragnehmern und Mitarbeitern voraus. Nachrichten von einem Verstoß gegen die ungeschriebenen Gesetze der Branche verbreiten sich schnell.

Ingenieure bemühen sich um die Herstellung von zuverlässigen Produkten und müssen bei Tests unter extremen Bedingungen große Unsicherheit und Angst aushalten.

Verhaltensregeln und gesellschaftliche Konventionen, wie sie schon vor Jahrtausenden im babylonischen *Codex Hammurapi* ihren Niederschlag fanden, verpflichten den Ingenieur zur gewissenhaften Arbeit. Sie ist die Grundlage für das Vertrauen der staatlichen Behörden und der Bevölkerung.

Frauen zeigen im traditionell von Männern dominierten Ingenieurwesen vor allem in den Bereichen Biomedizin, Umwelt, Lebensmittelverarbeitung und Chemie eine immer stärkere Präsenz. Unternehmen erkennen den Wert der Mitarbeitervielfalt und bemühen sich aktiv um die Einstellung weiblicher Ingenieure.

Immer wieder heißt es, dass zukünftige Computer mit künstlicher Intelligenz (KI) viele Aufgaben der Ingenieure übernehmen werden. Zu den Vorteilen KI-gestützter Systeme gehören der schnellere Zugriff auf erforderliche Informationen und effizientere Roboter. Als voreilig haben sich dagegen Prognosen herausgestellt, Roboter und KI würden die Fabrikarbeit von Menschen überflüssig machen. Dennoch erweitern Computersysteme mit künstlicher Intelligenz die menschlichen Fähigkeiten enorm.

Ingenieure werden auch zukünftig eine führende Rolle spielen

Verbesserte Sensortechnik schärft das Umweltbewusstsein der Öffentlichkeit. Sie übt daraufhin auf die Unternehmen sozialen Druck aus, der Ingenieuren die Entwicklung umweltfreundlicher Lösungen ermöglicht.

Über dieses Buch

Technik in 30 Sekunden behandelt als leicht verständliche Einführung in die Welt der Ingenieure die entscheidenden Entwicklungen und Leistungen, die die Welt von heute prägen. Ob bei der Begründung menschlicher Zivilisation mit all ihren Annehmlichkeiten, bei der Bändigung der Naturkräfte oder beim Aufbau einer nachhaltigen Zukunft – die Ingenieure zählen immer zu den Vorreitern des Wandels.

Experten aus der ganzen Welt teilen ihr Wissen mit den Lesern und erklären ihnen die sorgfältig ausgewählten Themen, die gut verständlich grundlegendes Wissen zu allen Bereichen des Ingenieurwesens vermitteln. Dabei wird jedes Thema auf einer Doppelseite mit Text und einer ganzseitigen

Illustration präsentiert. Ein kurzes Schlaglicht in ein oder zwei Sätzen bietet der **3-Sekunden-Kern**, dessen Kurzinformation der Haupttext, das **30-Sekunden-Fundament**, erweitert. Die **3-Minuten-Idee** beleuchtet weitere faszinierende Aspekte. Ein Porträt einer Ingenieurin oder eines Ingenieurs, die oder der Entscheidendes beitrug, steht exemplarisch für die Leistung aller Ingenieure.

Zu Beginn des Buches erfährt der Leser mehr zu Arbeit und Methoden der Ingenieure. Später werden einzelne ingenieurwissenschaftliche Disziplinen sowie ihre Leistungen und Ziele erläutert. Wir erfahren, wo und wann das *Bau- & Umweltingenieurwesen* ihren Anfang nahmen und wohin sie uns führen. Das Kapitel *Maschinenbau, Werkstofftechnik & Mechatronik* bringt uns Bewegung und Energie sowie Energiequellen und deren Nutzung näher, während *Elektrotechnik & Elektronik* uns erlaubt, einen Blick auf die Zukunft der Automatisierung oder des Verkehrs zu werfen. Das letzte Kapitel behandelt schließlich unter dem Titel *Ingenieure formen die Zukunft* die Herausforderungen, vor denen Ingenieure heute stehen, um für uns alle eine bessere Welt von morgen zu schaffen.

Ingenieure entwickeln energiesparende Hochgeschwindigkeitszüge, dank derer immer mehr Menschen mit Strom aus erneuerbaren Energiequellen weiter und schneller reisen können.

METHODEN

METHODEN
GLOSSAR

Finite-Elemente-Methode (FEM) Stufenlos veränderbare Eigenschaften wie Spannung, Druck, Temperatur, elektrische oder magnetische Feldstärke werden über ein Bauteil hinaus durch Unterteilung der Bauteilform in viele kleine Elemente berechnet, die sich jeweils mit bekannten Gleichungen analysieren lassen. Die Methode entstand bei der Zusammenarbeit zwischen Flugzeugkonstrukteuren und Mathematikern, die in den Fünfzigerjahren Zugang zu frühen digitalen Computern hatten.

Heuristische Methode, Faustregelmethode Ungefähre mathematische oder qualitative Schätzung, die Ingenieure für Vorhersagen verwenden, wenn keine genauen Messungen oder mathematischen Analysen möglich sind. Gründe dafür können Zeitmangel, mangelndes Verständnis oder zu spärliche Daten für genauere Methoden sein.

Konvergenz Viele technische Berechnungen stellen eine Schätzung an den Anfang und verfeinern diese dann Schritt für Schritt, sodass sie sich mit zunehmender Genauigkeit der Lösung annähert. Manchmal verbessert sich die Genauigkeit aber nicht, und es muss eine andere Methode gefunden werden.

Kraft Externe Einwirkung, die dazu führt, dass ein ruhendes Objekt in Bewegung gerät oder ein Objekt in Bewegung sich verlangsamt, die Richtung ändert oder beschleunigt. Ein Beispiel ist die Schwerkraft (Gravitation), die Körper zum Mittelpunkt der Erde hinzieht. Ein weiteres ist der Schub eines Flugzeugs, der von seinen Triebwerken ausgeht.

Mechanische Spannung Kraft, die auf einen bestimmten Bereich in einem Körper wirkt. Normalerweise führt die Wirkung einer äußeren Kraft zu einer ungleichmäßigen Verteilung von Spannung in einem Körper. Zur Dehnung oder zum Bruch kommt es, wenn die Spannung die Materialfestigkeit übersteigt. Spannungen können Zug (Auseinanderziehen), Druck (Zusammendrücken) oder Scherung (entgegengesetzte Kräfte auf gegenüberliegenden Seiten des Materials) sein.

Modell Mathematische Gleichungen, meist in Form eines Computerprogramms oder einer Tabellenkalkulation, die Ingenieuren zur Vorhersage des Verhaltens eines technischen Systems dienen. Zur Anwendung kommen daneben auch physische, oft maßstabgetreue Modelle des zu untersuchenden Systems.

Netzwerk Viele Systeme lassen sich als Netzwerke analysieren, die aus einzelnen Elementen (oder Knoten) bestehen, die durch eine begrenzte Anzahl von Verbindungen miteinander verknüpft sind. Beispiele sind elektronische Schaltungen, Telefonnetze und Netze von Rohrleitungen, Pumpen und Tanks.

Randelementmethode (REM) Berechnung von Spannung, Druck, Temperatur, Verschiebungen, elektrischen oder magnetischen Feldern in einem Bauteil unter Verwendung von Bedingungen an der Bauteilgrenze. Diese Methode führt bei gewissen Problemen, beispielsweise bei der Simulation des Klebekontakts zwischen Bauteilen, wesentlich schneller zu einer Lösung als die Finite-Elemente-Methode.

Stabilität Tendenz eines technischen Systems, in einem relativ unveränderlichen Zustand zu verharren. Nähert sich ein System der Stabilitätsgrenze, können schon kleinste Störungen eine plötzliche, meist unerwünschte und oft unkontrollierbare Änderung der Bedingungen verursachen. So bleibt beispielsweise ein Hang sogar bei einem Erdbeben nicht selten stabil, wenn nicht starker Regen seine Stabilität durch Verringerung der Reibungskräfte zwischen Baumwurzeln, Felsen und Boden beeinträchtigt. Unter diesen Bedingungen kann schon ein kleines Zittern einen Erdrutsch verursachen.

Stakeholder Einzelperson oder Personengruppe, die imstande oder interessiert ist, auf ein technisches Vorhaben einzuwirken oder davon beeinflusst werden könnte.

System(denken) Ingenieure denken in komplexen Systemen aus Einzelteilen, die miteinander und mit der Umgebung interagieren. Sie ziehen eine willkürliche Begrenzungslinie um alle Komponenten eines Systems und betrachten Interaktionen, die diese überschreiten, als »Systemeingabe« bzw. »Systemausgabe«. Dabei sind Eingaben äußere Veränderungen, die auch innerhalb des Systems zu Veränderungen führen, und Ausgaben Veränderungen im System, die auch zu solchen außerhalb des Systems führen. Ingenieure unterteilen Systeme oft so lange hierarchisch in Subsysteme, bis die einzelnen Bestandteile einfach genug sind, um sie einzeln zu analysieren.

Verformung Relative Verformung durch Stress. Zugspannung verursacht Dehnung, und Druckspannung verursacht das Zusammendrücken des Materials. Durch die Schubspannung gleiten Materialschichten relativ zueinander.

Wirbelstrom Die Bewegung eines festen Leiters im Verhältnis zu einem Magnetfeld verursacht Wirbelströme im Leiter und erzeugt eine magnetische Kraft, die der Bewegung entgegenwirkt.

TEILE & HERRSCHE

30-Sekunden-Fundament

Ingenieure sagen das Verhalten von komplexen Systemen voraus, die sich unserem Verständnis entziehen. Sie unterteilen sie dazu in sorgfältig gewählte Bereiche und berücksichtigen bei ihrer Einschätzung grenzüberschreitende Erscheinungen. So zeichnen die Ingenieure bei der Vorhersage des Verhaltens eines Fahrzeugs für jedes Rad ein Freikörperbild, das alles außer dem Rad und den darauf einwirkenden Kräften ausschließt. Es zeigt die Gegenkraft, die das Rad nach oben drückt. Das Gewicht des Fahrzeugs, das die Achse auf das Rad überträgt, wirkt dagegen nach unten. Das Antriebsmoment an der Achse versetzt das Rad in Drehung, während die Reibung der Straße dagegenwirkt. Rad und Reifen können getrennt betrachtet, in viele kleinere Elemente unterteilt und einzeln analysiert werden. Eine feinere Unterteilung führt oft zu mehr Genauigkeit, aber die Festlegung der Elementgrenzen und die Ermittlung der beteiligten Kräfte braucht Zeit. Computer führen zwar die Berechnungen durch, aber der Ingenieur muss bei der Definition der Einzelelemente mitwirken und die Zuverlässigkeit der Ergebnisse beurteilen. Ingenieure lernen, abhängig von der erforderlichen Genauigkeit geeignete Unterteilungen vorzunehmen und die Folgen von Vereinfachungsfehlern mit einzukalkulieren. Sie nutzen diesen Ansatz für die Modellierung komplexer Systeme wie die strukturelle Stabilität eines Untertagebergwerks, Verkehrsstaus im Berufsverkehr oder das Beamforming.

3-SEKUNDEN-KERN

Ingenieure teilen komplexe Systeme zur Analyse in einfachere Elemente auf und berücksichtigen bei den meist von Computern durchgeführten Berechnungen auch elementübergeifende Erscheinungen.

3-MINUTEN-EINFALL

Ein komplexes wasserführendes Rohrnetz wird in Teilen analysiert. Dabei muss an jeder Rohrverbindung die Summe der einzelnen dorthin führenden Wasserströme null betragen, denn Wasser verschwindet nicht ohne Leck. Der Druck ändert sich im Verlauf des Rohrs abhängig von seiner Neigung und dem Durchfluss. Diese Zusammenhänge lassen sich alle mit simultanen Gleichungen darstellen und am Computer lösen. Mit ähnlichen Methoden können Stromkreise, Fertigungsstraßen, Stadtverkehrsstaus und Kommunikationsnetze analysiert werden.

VERWANDTE THEMEN

ANGEWANDTE MATHEMATIK
Seite 16

DENKEN WIE EIN INGENIEUR
Seite 26

DAS PRINZIP DES KRÄFTEGLEICHGEWICHTS
Seite 38

3-SEKUNDEN-BIOGRAFIEN

CHARLES AUGUSTIN DE COULOMB
1736–1806
Französischer Ingenieur, der die Reibung beschrieb und erklärte, warum Wagen beim Bremsen ins Schleudern geraten. Außerdem beschrieb er die für die Nanotechnologie so wichtigen elektrostatischen Kräfte.

GABRIEL VOISIN
1880–1973
Französischer Luftfahrtpionier, der die Antiblockierbremse erfand

30-SEKUNDEN-TEXT

James Trevelyan

Automobilingenieure entwickeln neue Autos mit Bestandteilen, die ihre Zuverlässigkeit unter Beweis gestellt haben.

A
B
A

ANGEWANDTE MATHEMATIK

30-Sekunden-Fundament

Die Ingenieure bringen Mathematik oft indirekt zur Anwendung und verlassen sich auf Software mit integrierter Analysefähigkeit und einem impliziten Verständnis mathematischer Prinzipien. Sie müssen über die instinktive Fähigkeit zur Wahl der geeigneten Berechnungsmethoden verfügen. In einer frühen Projektphase eignen sich schnelle, grobe Berechnungen oft am besten, da 20 Prozent Toleranz ausreichen. In der Regel entscheiden Ingenieure und Träger des Projekts in dieser Phase, ob es mit mehr Detailgenauigkeit weiterverfolgt werden soll und welche alternativen Ansätze zu untersuchen sind. Später, für kritische Aspekte des Projekts, ist eine höhere Präzision erforderlich. So könnte ein Motorenentwickler nach der effizientesten Anordnung der Wege des Luft-Kraftstoff-Gemischs zu den Zylindern suchen. Und ein anderer Ingenieur könnte mithilfe einer Analysesoftware abschätzen, wie gut ein neues Fahrzeugdesign die Insassen bei einer Kollision schützt. Da diese Computeranalysen oft reichlich Zeit brauchen, müssen die Ingenieure deren Kosten und Grenzen kennen. In der Regel wird die Software von Fachingenieuren bedient, die wissen, wie man die entsprechenden mathematischen Modelle möglichst schnell erstellt. Anschließend müssen sie die Vernünftigkeit der Ergebnisse überprüfen, was oft mit einfacheren Näherungsrechnungen in Form einer Excel-Tabelle oder sogar manuell geschieht.

3-SEKUNDEN-KERN

Die Ingenieure wenden Mathematik am häufigsten indirekt im Rahmen großer Softwarepakete an. Die Vorhersage von Schäden durch eine Autokollision ist eine von vielen technischen Anwendungen der Mathematik.

3-MINUTEN-EINFALL

Die Numerische Strömungsmechanik (CFD) beschreibt die Strömung mit komplexen Differentzalgleichungen. Oft entstehen bei den Computerdarstellungen schöne Bilder. CFD liefert nicht in jeder Situation genaue Ergebnisse, denn mit numerischen Methoden erreicht man manchmal keine Konvergenz zu einer brauchbaren Lösung. Die CFD-Software wurde für bestimmte Anwendungsgebiete weiterentwickelt, wo experimentelle Daten die Genauigkeit bestätigen können – zum Beispiel in der Luftfahrtindustrie.

VERWANDTE THEMEN

TEILE & HERRSCHE
Seite 14

JENSEITS DER WISSENSCHAFT
Seite 18

SIGNALVERARBEITUNG
Seite 108

3-SEKUNDEN-BIOGRAFIEN

SIR ISAAC NEWTON
1642–1726
Schuf die mathematischen Grundlagen für das moderne Ingenieurwesen

JOSEPH FOURIER
1768–1830
Entwickelte wegweisende Verfahren zur Vorhersage der Wärmeleitung in Festkörpern

KATHERINE JOHNSON
geb. 1918
Berechnete die Umlaufbahnen für die ersten bemannten US-Raumflüge

30-SEKUNDEN-TEXT

James Trevelyan

Mithilfe der Mathematik können Ingenieure die Leistung von Flugzeugen abschätzen, was die Zahl der Probeflüge reduziert.

JENSEITS DER WISSENSCHAFT

30-Sekunden-Fundament

Ingenieure sagen aufgrund von Erfahrung und wissenschaftlichen Erkenntnissen das Verhalten von Objekten vorher, die nur als Skizzen existieren. Manchmal verfügen sie auch über Modellmessungen, um ihre Vorhersagen zu korrigieren, und untersuchen Anomalien. Oft sind die Ingenieure der Wissenschaft weit voraus. So kommen beispielsweise Zahnräder seit Jahrtausenden zum Einsatz, aber umfassende mathematische Theorien zu ihrem Verhalten sind erst seit Kurzem verfügbar. Das Sieden und Kondensieren des Kältemittels in einer Klimaanlage ist nach dem derzeitigen Stand der Wissenschaft noch kaum vorherzusehen. Daher greifen Ingenieure zu Schätzungen aus der Praxis und einfachen Berechnungen. Sie testen einen Prototyp in Klimakammern, die die wirklichen Bedingungen simulieren. Sie fügen so lange Gas hinzu und entfernen wieder welches, bis der unter üblichen Klimabedingungen beste Kompromiss zwischen Stromverbrauch und Kühlleistung erreicht ist. Daran können wir den grundlegenden Unterschied zwischen den Natur- und den Ingenieurwissenschaften ablesen: Ingenieure verlassen sich bei ihren Forschungen so weit wie möglich auf modernste Erkenntnisse und Software. Sie prognostizieren aber auch das Verhalten von noch nicht existierenden Systemen, sodass bestätigende Messungen zwangsweise aus Modellen stammen. Aufgrund von Zeit- und Ressourcenengpässen verlassen sie sich aber oft auch auf Erfahrung und praktische Heuristiken.

3-SEKUNDEN-KERN
Ingenieure überschreiten nicht selten die Grenzen des Wissenschaftlichen. Sie führen Experimente mit maßstabgetreuen Modellen durch und lassen sich von der Erfahrung leiten.

3-MINUTEN-EINFALL
Die Physik, vor allem aber Mechanik, Thermodynamik, Elektromagnetismus, Atom- und Molekularstruktur sowie Materialwissenschaft liefern Ingenieuren die Grundlagen, die Mathematik gibt ihnen insbesondere mit Infinitesimalrechnung, Matrixalgebra, unendlichen Reihen und Wahrscheinlichkeit die Werkzeuge an die Hand. Die Chemie erschließt Materialeigenschaften, während die Biowissenschaften im Bereich der Lebensmittelverarbeitung, der Beseitigung von Umweltschäden, der Herstellung künstlicher Körperteile und von Medikamenten unverzichtbar sind.

VERWANDTE THEMEN

PROBLEMLÖSENDES DENKEN
Seite 20

DENKEN WIE EIN INGENIEUR
Seite 26

NANOTECHNOLOGIE
Seite 104

3-SEKUNDEN-BIOGRAFIEN

BLAISE PASCAL
1623–1662
Klärte verschiedene Fragen zum Druck und erfand eine der ersten mechanischen Rechenmaschinen

ROBERT HOOKE
1635–1703
Beschrieb die Elastizität und prägte den biologischen Begriff »Zelle«

LÉON FOUCAULT
1819–1868
Erfand ein Pendel zum Nachweis der Erdrotation und entdeckte die Wirbelströme

30-SEKUNDEN-TEXT
James Trevelyan

Die Naturwissenschaften sind das Fundament der Technik, aber Ingenieure kommen nicht selten auch ohne sie auf Ideen.

PROBLEMLÖSENDES DENKEN

30-Sekunden-Fundament

Die facettenreiche technische Planung sorgt durch problemlösendes Vorgehen für die Entwicklung von Produkten oder Systemen, die den Bedürfnissen der Endanwender oder Kunden entsprechen. Zuerst sind die Anforderungen und Bedingungen zu ermitteln, die das System unter Berücksichtigung der Bedürfnisse aller Beteiligten erfüllen muss. Neben dem Endverbraucher werden meist auch Hersteller, Händler, Servicetechniker, Verkäufer, Einkäufer und Regierungsbehörden einbezogen. Die Umsetzung der gewünschten Funktionen in Form von Komponenten, die jeweils einige dieser Funktionen bereitstellen und Teilprobleme lösen, ergibt ein technologisches System. Die am Konstruktionsprozess Beteiligten müssen die verfügbaren Komponenten sowie deren Funktionen gut kennen und sich die Funktionen vorstellen können, die durch eine bestimmte Form bereitgestellt werden könnten. Eine quantitative Analyse dient häufig dazu, spezifische Komponentenparameter zu definieren sowie In- und Output der systeminternen Komponenten anzupassen. Es gibt stets mehrere mögliche Entwürfe eines technologischen Systems, denn meist lassen sich bestimmte Funktionen mit zahlreichen Komponenten oder Möglichkeiten umsetzen. Jedes Design wird daraufhin überprüft, ob die geforderte Leistung erbracht wird und es über die gewünschten Merkmale verfügt. Dies kann Tests von Versuchs- oder Prototypenkonstruktionen beinhalten.

3-SEKUNDEN-KERN

Das problemlösende Denken versucht, die Bedürfnisse der Nutzer zu ermitteln und effiziente, kreative Lösungen zu entwickeln. Die Planer kombinieren dabei einzelne Komponenten durch Analyse, Test und Wiederholung zu Gesamtsystemen.

3-MINUTEN-EINFALL

Unter »Design Thinking« versteht man kreative Ansätze und Methoden, die dazu dienen, die Bedürfnisse der Endbenutzer und Kunden nach dem neusten Stand von Technik und Wirtschaft zu befriedigen. Zu den Merkmalen des Design Thinking gehören das Streben nach Empathie mit dem Benutzer und die Betrachtung aus unterschiedlichen Perspektiven, um Benutzerbedürfnisse zu erkennen, konkurrierende oder widersprüchliche Faktoren zu lösen und innovative Ansätze zu entwickeln.

VERWANDTE THEMEN

NORMEN & SPEZIFIKATIONEN
Seite 22

DENKEN WIE EIN INGENIEUR
Seite 26

INGENIEURE & ARCHITEKTEN
Seite 42

3-SEKUNDEN-BIOGRAFIEN

HERBERT A. SIMON
1916–2001
Wirtschaftsnobelpreisträger, dessen 1969 erschienenes Buch *The Sciences of the Artificial* eines der ersten war, das den Entwurfs- und Problemlösungsprozess analysierte

DAVID M. KELLEY
geb. 1951
Mitglied der *US National Academy of Engineering* und 1991 Mitgründer der führenden Design- und Innovationsberatung IDEO

30-SEKUNDEN-TEXT

John Krupczak

Oft ist ein Neuansatz oder eine Wiederholung erforderlich, um zu einem zufriedenstellenden Ergebnis zu gelangen.

NORMEN & SPEZIFIKATIONEN

30-Sekunden-Fundament

Die Ingenieure lassen sich von wissenschaftlichen Erkenntnissen und Normen leiten und nur zu einem geringen Teil von persönlicher Erfahrung. Normen reflektieren die Erfahrung von Generationen von Ingenieuren. Die darauf basierenden zeitsparenden Berechnungsmethoden liefern sichere und zuverlässige Ergebnisse. Die Normen stammen zumeist von nationalen, branchenspezifischen oder Berufsorganisationen. So gründete eine Gruppe von Eisenbahningenieuren 1902 die *American Society for Testing Materials* (ASTM), um die Prüfung von Stahl zu standardisieren; heute agiert die ASTM weltweit. Die Internationale Organisation für Normung (ISO) koordiniert globale Standards. Normen entwickeln sich weiter, während die Technologien sich verändern und Ingenieure dazulernen – nicht selten auch aus Fehlern. Mithilfe von Spezifikationen und Zeichnungen definieren Ingenieure Produkte so, dass die von verschiedenen Unternehmen bereitgestellten Komponenten zusammenpassen und wie erwartet funktionieren. Im Rahmen von Spezifikationen werden Qualitätskontrollmethoden definiert, mit denen man feststellen kann, ob ein Produkt akzeptabel ist. Aus einem Test geht aber kaum hervor, ob das Produkt auch in dreißig Jahren noch funktioniert. Deshalb kann eine Spezifikation auch Herstellungsverfahren festlegen. Um Zeit zu sparen, beziehen sich die Spezifikationen für einen Großteil der technischen Details auf Normen.

3-SEKUNDEN-KERN

Normen sorgen für komfortable und sichere Arbeitsmethoden, die auf der Erfahrung von Generationen von Ingenieuren basieren. Spezifikationen und Zeichnungen definieren Produkte so, dass die Komponenten bei der Montage wie erwartet funktionieren.

3-MINUTEN-EINFALL

Die Erwartungshaltung an Produkteigenschaften ist sehr unterschiedlich. So stößt ein in einer Branche akzeptiertes Produkt in einer anderen auf Ablehnung, nur weil ein Draht die falsche Farbe hat. Und eine Maschine wird trotz nicht erfüllter Leistungsanforderungen angenommen, weil Spezifikationen als »aspirative« Ziele gelten. Schließlich erfüllen ähnliche Maschinen aus derselben Produktionslinie die meisten Anforderungen, und frühere Modelle können nachgerüstet werden.

VERWANDTE THEMEN

PROBLEMLÖSENDES DENKEN
Seite 20

DENKEN WIE EIN INGENIEUR
Seite 26

VERTEIDIGUNGSBEREITSCHAFT
Seite 64

3-SEKUNDEN-BIOGRAFIEN

GASPARD MONGE
1746–1818
Schöpfer der deskriptiven Geometrie, der Grundlage für das technische Zeichnen

PIERRE ÉTIENNE BÉZIER
1910–1999
Entwickelte Techniken und Software zur Darstellung von Kurven und Flächen

DOUGLAS TAYLOR ROSS
1929–2007
Entwickelte Software für Konstruktionsberechnungen

30-SEKUNDEN-TEXT

James Trevelyan

Normen vermitteln die Erfahrung von Ingenieuren früherer an die zukünftiger Generationen.

Y054
Y100
Y050

DIE ERFOLGREICHE UMSETZUNG

30-Sekunden-Fundament

Etwa 30 Prozent seiner Arbeitszeit verbringt der Ingenieur damit, die Zusammenarbeit anderer Menschen im Rahmen eines vereinbarten Zeitplans zu organisieren. Er verlässt sich darauf, dass alle Beteiligten ihr Wissen, ihre Erfahrung und ihre Fähigkeiten vollumfänglich einbringen, denn nur ihre vereinten Kompetenzen machen die Umsetzung des geplanten Vorhabens möglich. Ein Netzwerk von zwischenmenschlichen Beziehungen schafft das für die Zusammenarbeit unabdingbare Vertrauen: Soziale Interaktionen bilden den Kern der technischen Praxis. Ingenieure lernen viel von anderen: Kollegen, Lieferanten, Auftragnehmern, Fachhandwerkern, Technikern, Geldgebern, Anwälten, Endverbrauchern und den Menschen vor Ort. Dieses Wissen ist implizit und nur selten schriftlich festgehalten. Auf das menschliche Gedächtnis und komplexe soziale Interaktionen bauend, hat die Ingenieurpraxis auch mit Unwägbarkeiten jenseits von Materialschwankungen und Umweltbedingungen zu kämpfen. Die meisten technischen Ausfälle gehen auf mangelhafte Kommunikation zurück. Ein Ingenieur muss sicherstellen, dass jeder über die für das erfolgreiche Gelingen des Vorhabens wesentlichen Merkmale der Arbeit der anderen Bescheid weiß. Soziale Komplexität ist eine Herausforderung, insbesondere aber in den Entwicklungsländern, wo Vertrauen nicht selten trügt. Zusammen mit der Knappheit an sachkundigen Dienstleistern erklärt dies, warum es dort für Ingenieurunternehmen teurer ist, vergleichbare Ergebnisse zu erzielen.

3-SEKUNDEN-KERN

Die Ingenieure verbringen viel Zeit damit, die Zusammenarbeit aller Beteiligten zu organisieren, die für die Konstruktion und Produktlieferung zuständig sind und ihre speziellen Fähigkeiten und ihr Wissen zur Verfügung stellen.

3-MINUTEN-EINFALL

Beim Wort »Ingenieur« denken wohl viele von uns an den Bau von Brücken oder Autos. Das trifft aber nur auf sehr wenige Ingenieure zu. Die meisten koordinieren den Bau und die Lieferung durch andere, darunter Techniker, die mit ihren Händen und Werkzeugen viel besser umzugehen wissen. Und die oft mit Ingenieuren in Verbindung gebrachten Zeichnungen erstellen bestens qualifizierte Fachleute. Und wenn ein Ingenieur Spaß an der praktischen Arbeit hat, widmet er sich dieser meist in seiner Freizeit als Hobby.

VERWANDTE THEMEN

DENKEN WIE EIN INGENIEUR
Seite 26

ORGANISATIONSSICHERHEIT
Seite 82

3-SEKUNDEN-BIOGRAFIEN

FREDERICK WINSLOW TAYLOR
1856–1915
Amerikanischer Maschinenbauingenieur, der für den Taylorismus, die nach ihm benannte Theorie des »Scientific Management« bekannt ist und auch für zahlreiche Verbesserungen in der Stahlerzeugung verantwortlich war

LILLIAN EVELYN GILBRETH
1878–1972
US-Ingenieurin, erstes weibliches Mitglied der *American Society of Mechanical Engineers*, Organisationspsychologin, deren Arbeiten auf dem Gebiet des Arbeitsstudiums zu enormen Produktivitätssteigerungen in Fabriken führten

30-SEKUNDEN-TEXT

James Trevelyan

Ingenieure stützen sich auf ein unsichtbares Netz von Vertrauensbeziehungen, um Pläne Wirklichkeit werden zu lassen.

DENKEN WIE EIN INGENIEUR

30-Sekunden-Fundament

3-SEKUNDEN-KERN
Wer wie ein Ingenieur denken will, muss abstrakt visualisieren und Lösungen vor ihrer praktischen Umsetzung ausgiebig diskutieren. Mit Messungen wird schließlich die praktische Umsetzbarkeit überprüft.

3-MINUTEN-EINFALL
Gute Ingenieure kennen die eigenen Grenzen und bauen auf Zusammenarbeit mit anderen, die ihre Fähigkeiten ergänzen. Die Umsetzung ihrer Ideen, die anderen Menschen spürbare Vorteile bringen, und die von Kollegen bewunderten Lösungen für scheinbar unvereinbare Anforderungen erfüllen sie mit Genugtuung. Sie schätzen die Möglichkeit, an Projekten im Dienste der Allgemeinheit mitzuarbeiten.

Ingenieure nehmen auf der Suche nach bedarfsgerechten Lösungen unter Zuhilfenahme von Urteilsvermögen und Erfahrung bestehende Lösungen unter die Lupe, um mögliche Verbesserungen zu identifizieren. Ebenso Systeme, die mit Mensch und Umwelt interagieren, und Teile von Systemen, die miteinander interagieren. Die Visualisierung, bei der er in seinem Geist die Verwendung von Materialien und Raum durchgeht, hilft dem Ingenieur, von der Abstraktion zur Wirklichkeit zu gelangen. Das abstrakte Durchdenken berücksichtigt unsichtbare Erscheinungen wie mechanische Spannung, Elektro- und Magnetfelder oder Wärmeleitfähigkeit und lässt abschätzen, inwieweit eine Idee funktionieren könnte. Mit Skizzen und 3-D-Prototypen optimieren die Ingenieure eine Lösung mit Rücksicht auf Lebenszykluskosten, verfügbare Zeit, Stakeholderbedürfnisse und anderes. Gespräche mit Kollegen, Lieferanten, Kunden und Technikern beeinflussen die Umsetzung ihrer Ideen. Erfolgreiche Lösungen entstehen meist in Zusammenarbeit, wobei die Teilnehmer aus Fehlern lernen und auf Feedback reagieren. Ingenieure messen die Systemleistung, um die Erwartungen zu bestätigen. Dabei nehmen sie mehrmaligen Misserfolg bewusst in Kauf, indem sie den gesetzten Rahmen überschreiten. Messungen formen allmählich die intuitiven Vorstellungen der Ingenieure über die Funktionsweise von Systemen. Immer wieder zwingt Unvorhergesehenes zum Umdenken und festigt das mentale Modell des Ingenieurs.

VERWANDTE THEMEN
JENSEITS DER WISSENSCHAFT
Seite 18

PROBLEMLÖSENDES DENKEN
Seite 20

INGENIEURE & ARCHITEKTEN
Seite 42

3-SEKUNDEN-BIOGRAFIEN

ARCHIMEDES
287–212 v. Chr.
Maß das Volumen unregelmäßiger Objekte, um echtes Gold von Legierungen zu unterscheiden

LEONARDO DA VINCI
1452–1519
Baute einen Computer, einen Sonnenkollektor, einen Hubschrauber und ein gepanzertes Fahrzeug

MATTHEW BOULTON
1728–1809
Realisierte die maßgebliche Bedeutung der Präzisionsfertigung für die Herstellung effizienter Dampfmaschinen

30-SEKUNDEN-TEXT
Colin Brown

Messungen und das Verhalten unter realen Bedingungen zwingen Ingenieure oft zum Überdenken ihrer Ideen.

CM 2 3 4 5 6 7 8 9 10 11 12 13 14 15 16 17 18 19 20 21 22 23 24

11. Januar 1843
Geburt in Gravelmount, County Meath, Irland

1861
Abchluss der Lehre bei Bagnell & Smith, Ingenieurassistent

1865
Ankunft in Neuseeland, Vermessung der Arthur's Passstraße

1868
Ernennung zum Distrikt-ingenieur in Greymouth, Fertigstellung von Hafendeich, Eisenbahn und anderen Projekten

1872
Ingenieur der Canterbury Region in Christchurch

1875
Ingenieur der West Coast Region in Hokitika

1880
Inspektions-Ingenieur in Dunedin, Aufnahme in die *Institution of Civil Engineers* in London

1883
Untersekretär für öffentliche Arbeiten in Wellington

1891
Generalmanager für Eisenbahnen und Chef-ingenieur von Westaustralien

1896
Fertigstellung der Planung der *Golden Pipeline*

1898
Sicherstellung der Finanzierung der längsten Süßwasser-Pipeline

1900
Fertigstellung des Hafens von Fremantle

10. März 1902
Tod durch Suizid, ein Jahr vor der Fertigstellung der *Golden Pipeline*

CHARLES YELVERTON O'CONNOR

O'Connor wurde 1843 in Irland geboren und wollte schon als Jugendlicher Bauingenieur werden. Das Ingenieurbüro Smith and Bagnell bildete ihn zum Eisenbahningenieur aus. Als die Große Hungersnot Irland heimsuchte, wanderte O'Connor auf der Suche nach Arbeit nach Neuseeland aus. Nach der Vermessung von Straßen durch das bergige Gelände der Südinsel, die anhaltenden Regenfällen und Überschwemmungen standhalten mussten, leitete er schon bald den Bau von Infrastruktur für Bergbauprojekte. Sein entschlossener Umgang mit korrupten Bauunternehmern brachte ihm Respekt ein. Darauf leitete er den Bau von Häfen in Greymouth, Westport und Hokitika, den Flugsand und Kies erschwerten. Aufgrund der Lage am anderen Ende der Welt wurde er zum Profi für Monate dauernde Lieferungen von Maschinen und Materialien aus Großbritannien und dem europäischen Festland auf dem Seeweg.

Dann suchte John Forrest, der Premierminister von Westaustralien, O'Connor auf und erteilte ihm den Auftrag, Häfen und eine Wasserleitung zu den reichen Goldlagerstätten in der Inlandwüste zu bauen. Dabei war seine Erfahrung in Neuseeland von entscheidender Bedeutung: Der Hafen im australischen Fremantle sollte auf Flugsandbänken in der Nähe der Mündung des Swan River gebaut werden. O'Connor zog jedoch den Zorn von Auftragnehmern auf sich, die nicht daran gewöhnt waren, dass er darauf beharrte, dass sie vor der Bezahlung sämtliche Verpflichtungen erfüllten. Sie rächten sich, indem sie einflussreiche Verwandte O'Connor in Zeitungsartikeln verspotten ließen.

Sein größtes Projekt war eine Wasser-Pipeline von einem Stausee in der Nähe von Perth nach Kalgoorlie, das 580 Kilometer entfernt in einer ausgetrockneten Salzwüste liegt. O'Connor schlug den Bau einer Rohrleitung mit einem Durchmesser von 80 Zentimetern an einem der abgelegensten Standorte der Welt mit geringer Industriekapazität vor. Um Befürchtungen der risikoscheuen Londoner Finanziers zuvorzukommen, entwarf er seine Pipeline in vierzehn Abschnitten und präsentierte sie als »mehrfache Wiederholung von Schemata, die zum Wissen der meisten Ingenieure gehören«.

Schon die Finanzierung nahm viel Zeit in Anspruch, und durch problematisches Gestein unter dem Damm des Stausees verzögerten sich die Arbeiten um ein weiteres Jahr. 1901 wurde der westaustralische Premierminister Forrest ins australische Parlament gewählt, sodass O'Connor eine starke lokale politische Unterstützung fehlte. Korruptionsvorwürfe, zunehmende Kritik in Zeitungen und vonseiten ungeduldiger Politiker sowie Stress infolge der Leitung mehrerer Großprojekte führten 1902 zum Selbstmord. Acht Monate später wurde seine Pipeline mit nur zehn Prozent über dem ursprünglichen Budget liegenden Baukosten fertiggestellt. Die von O'Connor gebauten Pipelines, Häfen und Eisenbahnen brachten Westaustralien enormen Wohlstand und sind bis heute in Betrieb.

James Trevelyan

BAU- & UMWELTINGENIEURWESEN

BAU- & UMWELTINGENIEURWESEN
GLOSSAR

Achsen Definieren Richtungen im Raum, wobei die x- und die y-Achse im rechten Winkel (senkrecht) zueinander stehen, die horizontalen Bezugsrichtungen und die z-Achse vertikale Richtungen bezeichnen.

Aufschlämmung Schotter, Pulver, Schlick oder Sand wird mit einer Flüssigkeit (meist Wasser) vermengt, wodurch alles abgepumpt und durch eine Rohrleitung transportiert werden kann.

Erhaltungssätze Für die Ingenieure grundlegende physikalische Gesetze zur Erhaltung von Masse und Energie. Beide können in geschlossenen Systemen weder zusätzlich erzeugt noch vernichtet werden. In der Kernphysik gilt dies nicht immer, aber für beinahe alle technischen Zwecke reichen diese Gesetze aus.

Fundament Speziell konstruierte Teile einer Gebäudestruktur, die Lasten auf den darunter liegenden Boden oder Fels übertragen.

Geländesanierung Beseitigung oder Stabilisierung der Verschmutzung an einem Standort mit technischer oder menschlicher Aktivität, um schädliche Auswirkungen der Verschmutzung zu verhindern.

Geomechanik Physikalische Grundlagen für das Verhalten von Grund und Fels, grundlegend für die Geotechnik.

Geotextilien Textilien zur Verstärkung von losem Boden oder Kies, um Erosion zu verhindern.

Koordinatensystem Drei sich senkrecht zueinander schneidende Achsen. Der Punkt, an dem alle drei Achsen zusammenkommen, wird als Ursprung bezeichnet. Ingenieure lokalisieren Punkte im dreidimensionalen Raum mithilfe ihrer Koordinaten. Sie verwenden dabei unterschiedliche Koordinatensysteme für verschiedene Teile einer Struktur oder eines Systems.

Kräftegleichgewicht Ein Zustand, in dem die auf ein System oder eine Komponente wirkenden Kräfte (oder andere Einflüsse) ausgeglichen sind, sodass keine Neigung zur Bewegung besteht.

Last (Bauingenieurwesen, Maschinenbau) Kann sich auf eine Kraft oder Spannung beziehen. Totlasten sind konstante Kräfte, die auf eine Struktur wirken und hauptsächlich durch die Schwerkraft verursacht werden. Unter einer Nutzlast versteht man veränderliche Kräfte, die durch den Menschen, Fahrzeuge, Wind, Erdbeben usw. verursacht werden.

Lastpfad Spannungsmuster in einer Struktur.

O-Ring (Maschinenbau) Ringförmige Dichtungselemente.

Pfahl (Bauingenieurwesen) Pfahl oder Ring aus Stahl, Stahlbeton, gelegentlich auch aus Holz, in den Boden eingelegt, geschoben oder gerammt, um zusätzliche Festigkeit für Fundamente zu schaffen oder um Bauwerkslasten tiefer in der Erde abzutragen (Tiefgründung).

Schalung Temporäre Gussform zur Herstellung von Betonbauteilen.

Stahlbeton Starker Verbundwerkstoff aus den beiden Komponenten Beton und Bewehrungsstahl für Gebäude und Brücken. Der Beton mit kleinen Steinen wird dabei zum Bewehrungsstahl in die Schalung gegossen. Die Stahlstäbe werden vor allem an den Stellen platziert, an denen der Beton Zugbelastungen standhalten muss.

Setzung (Geotechnik) Allmähliches Absinken der Fundamente durch das Gewicht der Konstruktion, das auf den darunter liegenden Boden wirkt.

Studie Systematische Messungen, um Daten für die Planung von Bau- oder anderen Ingenieurarbeiten zu sammeln.

Taubes Gestein Nicht verwertbares Gestein im Bergbau.

Turbine Rad mit Schaufeln, die dazu bestimmt sind, die kinetische Energie eines strömenden Fluids in mechanische Energie in einer rotierenden Welle umzuwandeln. Oft wird damit ein Generator angetrieben, der die mechanische Energie weiter in Strom umwandelt.

Versorgungstechnik Technische Maßnahmen, die Gebäude oder Einrichtungen versorgen.

BAUINGENIEUR-WESEN

30-Sekunden-Fundament

Bauingenieure beschäftigen sich mit Straßen, Eisenbahnen, Gebäuden, Wasserversorgungsanlagen und vielem mehr. Eugène Belgrand und Joseph Bazalgette planten in Paris und London Kanalisationssysteme, dank derer die Cholera ausgerottet werden konnte, und retteten so Millionen Menschen das Leben. Im 19. Jahrhundert senkte die industrielle Revolution die Kosten für Eisen und Stahl drastisch, und Thomas Telford zeigte auf, wie sie sich für Brücken, Kanäle und Häfen nutzen lassen. Im Verbund mit den Eisenbahnen, Brücken und Schiffen von Isambard Kingdom Brunel revolutionierten diese Innovationen den Verkehr. Auch heute noch lösen Bauingenieure große Herausforderungen und machen das Leben der Menschen angenehmer. So bauen sie Dämme, um uns vor Hochwasser zu schützen, oder planen umfangreiche Infrastrukturen und die höchsten Gebäude der Welt. Jedes Projekt fordert die Ingenieure von Neuem heraus. Hindernisse wie Tunnel oder andere Bauten lauern unter der Oberfläche, der Grund eignet sich kaum, oder während der Bauzeit tauchen finanzielle oder terminliche Probleme auf. Ingenieure denken kreativ, um diese Herausforderungen zu meistern, spielen verschiedene Lösungen durch und wählen schließlich die passendste Option. Kreative und wirtschaftliche Lösungen für schwierige Bauvorhaben zahlen sich aus, und Bauingenieure setzen auf neue Technologien, um die Lebenswelt zukünftiger Generationen möglichst angenehm zu gestalten.

3-SEKUNDEN-KERN
Den Bauingenieuren verdanken wir Häuser, Straßen, Brücken und andere praktische Bauwerke. Sie sorgen auch dafür, dass die Bauten ihre Funktion oft über Jahrhunderte erfüllen.

3-MINUTEN-EINFALL
Der konstruktive Ingenieurbau beschäftigt sich mit der Standhaftigkeit von Gebäuden, Dämmen und Brücken. Die Gesetze der Physik und ihre mathematische Ausformulierung helfen bei der Voraussage, wie Strukturen auf Naturkräfte wie Schwerkraft, Wind, Kälte oder Erdbeben reagieren. Und Statiker berechnen die Kräfte, die während des Baus auftreten können. So können Wohnungen, Schulen und Büros schließlich sicher benutzt und spektakuläre Bauwerke wie gewaltige Brücken oder die Fahrt verkürzende lange Tunnel bestaunt werden.

VERWANDTE THEMEN
GEOTECHNIK
Seite 40

INGENIEURE & ARCHITEKTEN
Seite 42

3-SEKUNDEN-BIOGRAFIEN
SIR MARC ISAMBARD BRUNEL
1769–1849
Französisch-britischer Bauingenieur, Vater des berühmteren Isambard Kingdom Brunel, der den ersten Tunnel unter der Themse erbaute

EMILY WARREN ROEBLING
1843–1903
Leitete nach dem Tod ihres Schwiegervaters John Roebling und der schweren Erkrankung ihres Mannes Washington August Roebling den von ihnen begonnenen Bau der Brooklyn Bridge in New York die letzten elf Jahre

30-SEKUNDEN-TEXT
Roma Agrawal

Bauingenieuren verdanken wir Annehmlichkeiten, die wir für selbstverständlich halten und ohne die unser Leben beschwerlich wäre.

3. April 1929
Geburt bei Dhaka, Britisch-Indien, heute Bangladesch

1950
Abschluss als Bauingenieur an der Universität Dhaka, Lehrbeauftragter für Straßenbauwesen

1952
Fulbright-Stipendium und pakistanisches Regierungsstipendium

1955
Promotion, Anstellung bei *Skidmore, Owings and Merrill Architects* (SOM) in Chicago

1957
Direktor des pakistanischen Bauforschungszentrums in Karatschi, Technischer Berater der Entwicklungsbehörde der damaligen Hauptstadt

1960
Rückkehr zu SOM, Dozent am Illinois Institute of Technology

1963
Fertigstellung des *Witt-Chestnut Apartment Building* mit 43 Stockwerken

1966
Teilhaber bei *Skidmore, Owings und Merrill*

1967
US-Staatsbürgerschaft

1969
Fertigstellung des *John Hancock Center* in Chicago mit Tragsystemen aus perforierten Röhren

1971
Vorreiter bei der Benutzung von Computern für Berechnungen der Statik und technische Zeichnungen

1981
Das Haddsch-Terminal am Internationalen König-Abd-al-Aziz-Flughafen in Dschidda wird mit dem *Agha Khan Award* für Architektur ausgezeichnet

27. März 1982
Tod in Dschidda, Saudi-Arabien

FAZLUR RAHMAN KHAN

Seit über acht Jahrtausenden sind die Städte der Welt sowohl Wiege als auch Produkte der Technik. Wolkenkratzer gehören zum modernen Stadtbild. Die Menschen wohnen und arbeiten auf engem Raum und bauen vertrauensvolle Beziehungen auf, dank derer sich Ingenieurwesen, Technik, Handel und Gewerbe entfalten können. Der »Vater der Röhrentragsysteme«, Fazlur Rahman Khan, revolutionierte in den Sechzigerjahren das Wolkenkratzerdesign.

1929 in Bengalen, dem heutigen Bangladesch, geboren, studierte Khan an der Universität Dhaka Bauingenieurwesen und anschließend mit einem Fulbright-Stipendium in den USA. Nach seiner 1955 erfolgten Promotion zum Stahlbeton-Design arbeitete er für das Chicagoer Architektur- und Ingenieurbüro *Skidmore, Owings and Merrill*, das ihm die Leitung für große Bauprojekte übertrug und für seine Wolkenkratzer bekannt war. Khan erkannte schon bald, dass horizontale Belastungen durch Wind und Erdbeben die größten Herausforderungen bei der Planung hoher Bauwerke darstellen. Mit Studenten des Illinois Institute und durch Vorträge untersuchte er neue Ansätze.

Damals sorgten Scherwände aus Mauerwerk zwischen den inneren Stahlstützen dafür, dass Gebäude horizontalen Belastungen standhielten. Deshalb kamen nur rechteckige Bauten mit wenig Flexibilität bei der Aufteilung im Inneren infrage. Khan führte einen Durchbruch herbei, indem er die Außenhülle als Rahmen aus perforierten Röhren plante, der horizontalen Belastungen standhielt. Damit reduzierte sich die benötigte Menge an Stahl um mindestens 40 Prozent. In seinem Design entfielen fast alle Stützen und tragenden Wände im Inneren, sodass dieses frei gestaltet werden konnte. Seine Gebäude waren höher und billiger, und die Architekten konnten sie in beinahe jeder gewünschten Form entwerfen.

1963 wurde das 43-stöckige *DeWitt-Chestnut Apartment Building* in Chicago fertiggestellt, der erste Wolkenkratzer mit seinem Röhrentragsystem. Der 1973 ebenfalls in Chicago fertiggestellte 110-stöckige *Sears Tower* hat ein Gerüst aus parallelen Rohrrahmen – Khan beschrieb es als Gruppe von Bleistiften, die mit einem Gummiband zusammengebunden sind. Leichtbeton und hochfester Stahl machten den Bau von Gebäuden wie dem 160-stöckigen, 828 Meter hohen Burj Khalifa in Dubai möglich. Experten gehen davon aus, dass mit Röhrentragwerken noch größere Höhen erreicht werden können. Khan gilt auch als Vater innovativer Gebäudeformen, etwa Schrägseildächer wie das riesige Zeltdach des Haddsch-Terminals des Flughafens Dschidda.

Khan war nicht nur ein außerordentlicher Ingenieur, sondern auch für seine Menschlichkeit und seine Liebe zu Kunst und Literatur bekannt. Er verkörpert geradezu den American Dream. Khan starb im Alter von 52 Jahren an einem Herzinfarkt während einer Reise nach Saudi-Arabien. Seine sterblichen Überreste wurden in die USA überführt und in Chicago beerdigt.

James Trevelyan

DAS PRINZIP DES KRÄFTEGLEICHGEWICHTS

30-Sekunden-Fundament

Dank des Gleichgewichtsprinzips können Ingenieure die Kräfte analysieren, die auf ein Bauwerk wirken: Es bewegt sich nur, wenn die Summe aller Kräfte ungleich null ist. Ein Freikörperbild hilft dabei, die Kräfte zu identifizieren. Bei den meisten Bauwerken handelt es sich dabei vor allem um statische Eigenlasten: Gravitation und Reaktionskräfte des Fundaments. Auch die veränderlichen Lasten können erheblich sein: Wind- und Erdbebenlasten, Fahrzeuge und Flüssigkeiten in Bewegung, etwas, das aufprallt, Maschinen und auch Menschen, die gehen. Für Bauten an der Küste sind Wellenkräfte von entscheidender Bedeutung. Da diese Kräfte in verschiedene Richtungen wirken, stellen die Ingenieure sie als Komponenten auf der x-, y- und z-Achse dar, die im rechten Winkel zueinander den Raum definieren. Die Kräfte können dabei jeweils einen positiven oder negativen Wert annehmen. Schließlich addieren die Ingenieure sämtliche Komponenten pro Richtung und wenden das Prinzip des Kräftegleichgewichts an. Damit das Bauwerk standsicher bleibt, müssen die Fundament-Reaktionskräfte die Summe aller aufgebrachten Lasten exakt ausgleichen. So berechnen die Ingenieure die baulichen Anforderungen an Fundamente. Im Fall von Erdbeben oder Stürmen müssen eine oder mehrere veränderliche Lasten durch Zugkräfte im Fundament ausgeglichen werden, da dieses sonst aus dem Boden gerissen werden könnte.

3-SEKUNDEN-KERN
Mithilfe des Kräftegleichgewichts treffen Ingenieure Voraussagen zu Kräften, die in einer Baukonstruktion, insbesondere im Fundament, wirken.

3-MINUTEN-EINFALL
Belastungen durch Stürme, Erdbeben und andere Katastrophen lassen sich kaum genauer vorhersagen. Die Ingenieure verlassen sich deshalb auf Normen, die die maximalen Belastungen vorgeben, denen Bauten üblicherweise standhalten müssen. Nationale Normen vermitteln ihnen, welche Windlasten wo zu erwarten sind und welches Gewicht jedes Stockwerk eines Gebäudes tragen muss. In Fällen, die sich außerhalb der Normen bewegen, verlassen sich die Ingenieure auf Messungen oder Computerprognosen.

VERWANDTE THEMEN

TEILE & HERRSCHE
Seite 14

BAUINGENIEURWESEN
Seite 34

MASCHINENBAU
Seite 56

3-SEKUNDEN-BIOGRAFIEN
ROBERT HOOKE
1635–1703
Beschrieb die Elastizität von Festkörpern und trug damit zur Erfindung vieler Mechanismen bei

ELMINA WILSON
1870–1918
Erste Bauingenieurin und Professorin auf diesem Gebiet in den USA, die an der Planung von Wolkenkratzern beteiligt war

STEPAN PROKOPOWYTSCH TYMOSCHENKO
1878–1972
»Vater der Mechanik«, der Analyse von Kräften in Maschinen und Bauwerken

30-SEKUNDEN-TEXT
James Trevelyan

Ingenieure analysieren Kräfte, die aus verschiedenen Richtungen auf Bauwerke einwirken.

+Z
–Y
–X
+Y
+X
–Z

GEOTECHNIK

30-Sekunden-Fundament

Der Boden und das Gestein unter der Erdoberfläche sind das Reich des Geotechnikers, der zu den Bauingenieuren gehört. Was immer wir bauen, hält nicht ohne Fundament. Geotechniker sorgen dafür, dass sie stark genug ausgelegt werden und der Boden darunter nicht nachgibt. Dazu messen sie Hohlraumanteil, Dichte, Wassergehalt und Reibungswinkel, bei dem der Boden ins Rutschen gerät. Laboruntersuchungen von Bohrproben liefern ihnen die Daten dafür. Mit zunehmendem Wassergehalt nimmt die Tragfähigkeit insbesondere bei wenig porösen Lehmböden ab, und Gebäude benötigen ein größeres Fundament. Bei Trockenheit zieht sich der Boden zusammen und bildet Risse. Die Daten der Bodengutachten haben einen erheblichen Einfluss auf die geschätzten Baukosten. Lage und Richtung geologischer Verwerfungen oder historische Rissbildung der Erdkruste gehören zu den kritischen Faktoren. Vertikale Verwerfungen können bei der Vermessung einer Baustelle mit Bohrungen leicht übersehen werden und bei Staumauern zu Leckagen führen. Das Aufdecken von Brüchen ist entscheidend für die Beurteilung von Stabilität und Sicherheit im Bergwerks- und Tunnelbau. Geotechniker sind während der Bauzeit vor Ort, um die Auswirkungen der Erdarbeiten zu überprüfen und bei Bedarf Anpassungen vorzunehmen. Erdbeben stellen oft eine besondere Herausforderung für die Geotechniker dar, weil sich einige Böden dabei nach starkem Regen verflüssigen.

3-SEKUNDEN-KERN

Vom Menschen geschaffene Bauwerke bleiben ohne Fundamente nicht stehen. Geotechniker untersuchen den Boden und das Gestein vor dem Planen der Fundamente, die über Jahrhunderte halten sollen.

3-MINUTEN-EINFALL

Geotechniker spielen eine wichtige Rolle im Bergbau. Sie befassen sich mit der Grubensicherheit, dem Schacht- und Tunnelvortrieb oder der Abfallwirtschaft. Sie entwerfen Abgangssperren (Dämme) für die Absetzbecken mit den Trüben (Abwässern) mit zerkleinertem Gestein. Das Wasser wird zurückgewonnen und in die Anlage zurückgeführt. Geotechniker entwickeln mit Hydrogeologen und Umweltingenieuren wirtschaftliche Lösungen für die sichere und umweltschonende Lagerung des Abfalls über Jahrhunderte.

VERWANDTE THEMEN

BAUINGENIEURWESEN
Seite 34

DIE ZÄHMUNG GROSSER FLÜSSE
Seite 46

ETHIK IM INGENIEURWESEN
Seite 48

3-SEKUNDEN-BIOGRAFIEN

HENRY DARCY
1803–1858
Französischer Ingenieur, von dem das Darcy-Gesetz zum Durchfluss von Wasser durch ein poröses Medium stammt

ALBERT ATTERBERG
1846–1916
Schwedischer Chemiker und Bodenmechaniker, dessen Atterberg-Grenzen die Unterscheidung von Schluff und Ton ermöglichen

KARL VON TERZAGHI
1883–1963
Begründer der Bodenmechanik, der eine Theorie der effektiven Bodenspannung ausarbeitete

30-SEKUNDEN-TEXT

Doug Cooper

Ingenieure legen fest, wie viel Erz gewonnen werden kann, ohne einen Grubeneinsturz zu riskieren.

INGENIEURE & ARCHITEKTEN

30-Sekunden-Fundament

Beim Bau spielen Ingenieure und Architekten komplementäre Rollen. Der Architekt konzentriert sich auf das Sichtbare: äußere Erscheinung, innere Aufteilung und Umgebung. Ingenieure befassen sich fast ausschließlich mit den versteckten Räumen hinter Wänden, Böden und Decken. Sie planen Fundamente, Tragwerk und Versorgungstechnik wie Klimaanlage, Beleuchtung, Sicherheitstechnik, Kommunikation, Wasser, Gas, Strom und Kanalisation und verhandeln die Aufteilung falls erforderlich neu. Während Architekten gegebenenfalls Lob für das Erscheinungsbild ernten, können Ingenieure während des Baus und Jahrzehnte danach für Bau- und Sicherheitsmängel haftbar gemacht werden. Architekten verfeinern ihre Fähigkeiten über die Jahre, Ingenieure analysieren mithilfe abstrakter Konzepte mögliche Spannungen und unsichtbare Luftströmungen in Gebäuden. Konzepte und Ideen bleiben im Kopf des Architekten oft im Fluss. Ingenieure, die auf ihren Stundenansatz achten und sich an Kostenvoranschläge halten müssen, bevorzugen eine rigide Organisation ihrer Arbeit. Von einem Bauherrn beauftragte Architekten werden mit einem vereinbarten Prozentsatz der Baukosten honoriert, während Ingenieure ihre Dienstleistungen dem Architekten oder Projektleiter anbieten. So überrascht es kaum, dass bei so unterschiedlichen Backgrounds, Denkweisen und finanziellen Interessen eine enge Zusammenarbeit viel harte Arbeit und sorgfältiges Zuhören bedeutet.

3-SEKUNDEN-KERN

Ingenieure und Architekten bringen ihre sich gut ergänzenden Fähigkeiten und Kenntnisse während des ganzen Bauprozesses ein, um großartige Gebäude zu errichten.

3-MINUTEN-EINFALL

Ingenieure und Architekten arbeiten bei großen Bauvorhaben zusammen und erläutern Bauherren und Behörden mögliche Lösungen unter Berücksichtigung gesetzlicher, wirtschaftlicher sowie bau- und geotechnischer Aspekte. Die Baupraxis erfordert oft eine umfangreiche Neugestaltung, Verhandlungsgeschick und Einfallsreichtum, damit das Bauwerk wie vereinbart aussieht. Die Ingenieure überwachen den Bau minutiös und sorgen für Sicherheit und Einhaltung der Baupläne, wobei sie stets die Interessen aller Beteiligten zu berücksichtigen suchen.

VERWANDTE THEMEN

BAUINGENIEURWESEN
Seite 34

GEOTECHNIK
Seite 40

UMWELTINGENIEURWESEN
Seite 50

3-SEKUNDEN-BIOGRAFIEN

SÉBASTIEN LE PRESTRE DE VAUBAN
1633–1707
Plante die Festungsbauten Hunderter französischer Städte

OVE NYQUIST ARUP
1895–1988
Setzte die Ideen des Architekten Jørn Utzon für das Opernhaus von Sidney ingenieurstechnisch um

SANTIAGO CALATRAVA
geb. 1951
Ingenieur, Künstler und Architekt: eine seltene Kombination für Gebäude, die den Blick fesseln

30-SEKUNDEN-TEXT

James Trevelyan

Ein beeindruckendes Gebäude beweist die erfolgreiche Zusammenarbeit zwischen Ingenieur und Architekt.

INGENIEURWESEN & ZIVILISATION

30-Sekunden-Fundament

Das Ingenieurwesen führte zur Zivilisierung der Menschen und beschleunigte ihre Entwicklung von Jägern und Sammlern zu Bewohnern von Städten mit Straßen, Brücken und Aquädukten. Das Wasser der Bäche wurde dahin umgeleitet, wo man es brauchte, und so eine nachhaltige Landwirtschaft gefördert. Die systematische Bewässerung im Niltal verhalf den Ägyptern zu Wohlstand, sodass sie ein beeindruckendes bautechnisches Erbe in Form ihrer Pyramiden und gewaltigen Tempelanlagen hinterlassen konnten. Das um 2500 v. Chr. blühende Mohenjo-Daro im heutigen Pakistan war eine der ersten Großstädte der Welt. Am Indus gelegen, bezog es sein Wasser aus Brunnen und leitete die Abwässer in Kanälen ab. Wie viele moderne Städte war es schachbrettartig angelegt. Ingenieure entwickelten später den Römischen Beton aus vulkanischer Asche und bauten Dämme, Aquädukte, umfangreiche städtische Wasserversorgungssysteme sowie Abwasserkanäle und beförderten so die Gesundheit von einer Million Stadtbewohnern. Auch als außergewöhnliche Ingenieurleistungen gelten Persepolis im Iran und die verlassene Maya-Metropole El Mirador in Guatemala aus dem 6. Jahrhundert v. Chr. mit ihren vielen Pyramiden, wovon eine dem Volumen nach zu den größten der Welt gehört. Und in China wurden schon um 3000 v. Chr. zahlreiche Großstädte gebaut. Von dort stammen unter zahlreichen anderen vier große Erfindungen: Kompass, Schießpulver, Papierherstellung und Druck.

3-SEKUNDEN-KERN

Die Bauingenieure der Antike bauten Städte und Straßen, von denen einige noch heute existieren. Sie sorgten für sauberes Wasser, die Beseitigung von Müll und errichteten grandiose Bauwerke.

3-MINUTEN-EINFALL

Das Wort »Ingenieur« geht auf Lateinisch *ingenium* »Scharfsinn, sinnreiche Erfindung«, zurück. Die ägyptischen und zentralamerikanischen Pyramiden, die Residenzstadt Persepolis oder die Akropolis in Athen wurden von Menschen mit außergewöhnlichen Fähigkeiten geplant. Später hob der römische Ingenieur Vitruvius die Bedeutung der technischen Planung sowie der Koordination vieler Fachkräfte hervor. Diese ersten Ingenieure gewannen das Vertrauen der Herrscher, die ihnen die erforderlichen gewaltigen Ressourcen zur Verfügung stellten.

VERWANDTE THEMEN

BAUINGENIEURWESEN
Seite 34

GEOTECHNIK
Seite 40

INGENIEURE & ARCHITEKTEN
Seite 42

3-SEKUNDEN-BIOGRAFIEN

VITRUV
um 80–15 v. Chr.
Plante Brücken, Gebäude und Aquädukte in und für Rom

SEXTUS JULIUS FRONTINUS
um 35–103 n. Chr.
Dokumentierte die neun Aquädukte Roms, trug maßgeblich zur Verminderung des Wasserdiebstahls und zur Verbesserung der Wartung bei

APOLLODOR VON DAMASKUS
zweites Jahrhundert
Leitete den Bau der Trajansbrücke über die Donau

30-SEKUNDEN-TEXT

Roger Hadgraft

Das Pantheon ist nach wie vor die größte nicht bewehrte Kuppel der Welt aus Leichtbeton.

DIE ZÄHMUNG GROSSER FLÜSSE

30-Sekunden-Fundament

Die Verfügbarkeit von hochfestem Stahl und Stahlbeton revolutionierte zu Beginn des 20. Jahrhunderts das Bauingenieurwesen. Stahlbeton hält deutlich größeren Zugspannungen stand als unbewehrter Beton. Mit diesen neuen Baustoffen zähmten die Ingenieure die großen Flüsse der Welt in nur wenigen Jahrzehnten und bauten Straßen- und Eisenbahnbrücken, damit gewaltige Flüsse und Schluchten die Menschen nach Jahrtausenden nicht mehr trennten. Mit Talsperren brachte man Überschwemmungen unter Kontrolle, und gewaltige Bewässerungssysteme haben Wüsten in produktive landwirtschaftliche Flächen verwandelt und die Nahrungsmittelproduktion vervielfacht. Stauseen sorgen zudem für eine zuverlässige Wasserversorgung vieler Städte und Industriezentren auf der ganzen Welt, und die Turbinen der Staudämme wandeln die Energie des fließenden Wassers in elektrische Energie um – mit Abstand die bedeutendste erneuerbare Energiequelle. Es bleiben jedoch noch viele Herausforderungen: Der Erosionsschlamm, insbesondere aus der Intensivlandwirtschaft, sammelt sich in Stauseen an und verringert die gespeicherte Wassermenge sowie die Stromproduktion erheblich. Vernässung und Versalzung haben bei vielen Bewässerungsprojekten den landwirtschaftlichen Nutzen untergraben. Während von staatlicher Seite oft schnelle Fortschritte beim Bau von Dämmen und Brücken erwünscht sind, wird bei den Mitteln für die Instandhaltung gerne gespart.

3-SEKUNDEN-KERN
Dank Stahl und Stahlbeton konnten Ingenieure die großen Flüsse der Welt im 20. Jahrhundert mit Talsperren zähmen, um Wasser und Energie bereitzustellen, und mit Brücken als Verkehrshemmnisse.

3-MINUTEN-EINFALL
Großprojekte von staatlicher und privater Seite haben das Wachstum von Bauingenieurunternehmen angekurbelt. Mit einer ausgeklügelten Organisation sorgen sie für eine reibungslose technische Zusammenarbeit mit umfangreichen Ingenieurteams sowie mit Kunden und Lieferanten. Obwohl eine umfangreiche Zusammenarbeit für die Ingenieurpraxis von zentraler Bedeutung ist, werden die einer solchen dienenden Methoden nur selten als Kernkompetenz der Ingenieure betrachtet.

VERWANDTE THEMEN

BAUINGENIEURWESEN
Seite 34

GEOTECHNIK
Seite 40

INGENIEURE & ARCHITEKTEN
Seite 42

3-SEKUNDEN-BIOGRAFIEN

ERNEST LESLIE RANSOME
1852–1917
Vorreiter moderner Techniken für den Einsatz von Stahlbeton

MOKSHAGUNDAM VISVESVARAYA
1861–1962
Leitete den Bau von Hochwasserschutzsystemen und großen Talsperren in Indien

ZHENG SHOUREN & ZHANG CHAORAN
geb. 1940
Leiteten die Planung und den Bau der Drei-Schluchten-Talsperre in China

30-SEKUNDEN-TEXT
James Trevelyan

Stahl und Stahlbeton haben den Bau von Dämmen und Rohrleitungen ermöglicht.

ETHIK IM INGENIEURWESEN

30-Sekunden-Fundament

Ein Unternehmen, das die Fundamente mit Pfeilern für zwei Wolkenkratzer baut, treibt sie nicht nach Plan bis in den festen Fels hinunter. Um Geld zu sparen, wählt der Auftragnehmer eine ungenügende Länge der Pfeiler unter dem Boden und täuscht dem staatlichen Auftraggeber die korrekte Ausführung der Arbeiten vor. Bei Erreichen des 34. Stockwerks beginnen die Gebäude zu kippen. Sie werden abgerissen, der Auftragnehmer geht in Konkurs, und drei Personen kommen wegen Betrugs ins Gefängnis. Glücklicherweise stirbt niemand. In anderen Fällen sind Bauten eingestürzt, bei denen die Baunormen umgangen wurden, indem man Inspektoren bestach, die daraufhin Mängel großzügig übersahen. Korruption im Ingenieurwesen tötet. Deshalb kann hier nur ethisches Handeln gute Qualität und sichere Infrastruktur zu einem fairen Preis sicherstellen. Ethik im Ingenieurwesen heißt: keine Bezahlung oder Entgegennahme von Bestechungsgeldern (als Gegenleistung für einen Vertragsabschluss), kein Betrug (Vertuschung von Mängeln), keine Kartelle, Vermeidung von Interessenkonflikten (Vergabe eines Auftrags an Familienmitglieder), ehrliche und unparteiische Beratung. Unternehmen können ethisches Handeln durch Führungsstärke, Training, Kontrollen des Managements sowie die Förderung der Berichterstattung über schlechte Praktiken fördern. Disziplinarverfahren tragen dazu bei, die Einhaltung der Vorschriften durchzusetzen.

3-SEKUNDEN-KERN

Technik und Ethik sind unteilbar miteinander verflochten. Ingenieure treffen Entscheidungen, die die Menschen von heute und morgen betreffen. Sie müssen die Folgen im Auge behalten, um das Bestmögliche für alle zu erreichen.

3-MINUTEN-EINFALL

Früher hatten sich Staatsanwälte eher selten mit Bestechung, Betrug oder Kartellen im Ingenieurwesen beschäftigt. Unlängst wurde man sich jedoch des entstandenen Schadens bewusst und brachte zahlreiche Fälle vor Gericht. Große Unternehmen wurden zu hohen Geldstrafen verurteilt und Manager inhaftiert. Ihr Fehlverhalten beeinträchtigt die Finanzen und den Ruf eines Unternehmens erheblich. Eine positive Folge davon ist, dass viele Unternehmen ethische Maßnahmen zur Korruptionsvermeidung ergriffen haben.

VERWANDTE THEMEN

GEOTECHNIK
Seite 40

ANDERS DENKEN
Seite 134

3-SEKUNDEN-BIOGRAFIEN

THEODORE COOPER
1839–1919
In den Unfallberichten für seine Nachlässigkeit kritisierter amerikanischer Chefkonstrukteur der ersten Québec-Brücke, deren Einsturz während des Baus 1907 75 Todesopfer forderte

ROGER MARK BOISJOLY
1938–2012
Amerikanischer Maschinenbauingenieur, der sich im Januar 1986 entschieden gegen den Start der Raumfähre Challenger aussprach. Er führte einen wahrscheinlichen Ausfall von O-Ringen des Verstärkers als Grund an, aber die NASA ignorierte seine Warnungen.

30-SEKUNDEN-TEXT

Neill Stansbury

Institutionen des Ingenieurwesens entwickeln Verhaltenskodizes für die Praxis und die Entscheidungsfindung.

220'
500'

UMWELT-INGENIEURWESEN

30-Sekunden-Fundament

3-SEKUNDEN-KERN
Umweltingenieure entwickeln auf technischen und naturwissenschaftlichen Grundlagen Lösungen zur Beseitigung und Vermeidung von Umweltbelastungen und deren globalen Auswirkungen.

3-MINUTEN-EINFALL
Die Umweltverträglichkeitsprüfung (UVP) untersucht die positiven und negativen möglichen Folgen eines Vorhabens. Zu den wichtigsten Aspekten gehören dabei Planung, Bau, Betrieb und Entsorgung. In den meisten Ländern wird sie durch Gesetze geregelt und oft von öffentlichen Institutionen durchgeführt. Die Entscheidungsträger sind angehalten, die ökologische Nachhaltigkeit unter Berücksichtigung detaillierter Umweltstudien zu den möglichen Auswirkungen auf heutige und zukünftige Generationen nicht aus dem Auge zu verlieren.

Umweltingenieure bewerten ein technisches Vorhaben im Hinblick auf Energieeffizienz, Auswirkungen auf Luft, Wasser, Boden, Flora und Fauna, Gesundheitsrisiken für den Menschen, Lärmemissionen, Umweltschutzmaßnahmen und Nutzung natürlicher Ressourcen. Sie nehmen im Interesse des Umweltschutzes Einfluss auf technische Entwürfe, Baupläne, Prozessabläufe sowie die Projektwirtschaft und analysieren ein Vorhaben stets multidisziplinär und kritisch als Teil eines geschlossenen, globalen Systems. Anhand von Computermodellen von Material- und Energiefluss, Atmosphäre und Klima sowie Wasser- und Kohlenstoffkreislauf sagen Ingenieure vorher, wie stark Schadstoffe Boden, Gewässer und Atmosphäre belasten werden. Diese Modelle beruhen auf Gleichungen, die physikalische, chemische und biochemische Gesetze wie die Erhaltung von Masse und Energie widerspiegeln. Die Einschätzung der sozialen Auswirkungen stützt sich auf Grundsätze der nachhaltigen Entwicklung und sozialwissenschaftliche Forschungsmethoden wie Fokusgruppen. Umweltingenieure arbeiten an städtebaulichen Projekten mit und entwickeln intelligente Lösungen zur Verbesserung der städtischen Umwelt wie die Umwandlung von Abwasserbecken und ihrer Umgebung in Parks, wobei die Becken zugleich als Wasserspeicher zur Bewältigung von Hochwasser dienen.

VERWANDTE THEMEN
ANDERS DENKEN
Seite 134

RESSOURCENKNAPPHEIT
Seite 142

EINDÄMMUNG DER UMWELTVERSCHMUTZUNG
Seite 148

3-SEKUNDEN-BIOGRAFIEN

ELLEN SWALLOW RICHARDS
1842–1911
Amerikanische Bauingenieurin und erste am *Massachusetts Institute of Technology* zugelassene Studentin, die Pionierarbeit in den Bereichen Sanitärtechnik, Wasserwirtschaft und öffentliche Gesundheit leistete

RACHEL CARSON
1907–1964
US-Meeresbiologin, Autorin und Naturschützerin, die die Aufmerksamkeit der Welt auf die Umweltbelastung durch Pestizide lenkte und den Startschuss für die weltweite Umweltbewegung gab

30-SEKUNDEN-TEXT
Julia Lamborn

Umweltingenieure finden nachhaltige Lösungen für Mensch und Planet.

MASCHINENBAU, WERKSTOFFTECHNIK & MECHATRONIK

MASCHINENBAU, WERKSTOFFTECHNIK & MECHATRONIK
GLOSSAR

Aktor (Aktuator) Baueinheit einer Maschine, die ein anderes Teil bewegt oder steuert, zum Beispiel ein elektrisch betätigtes Ventil, das den Fluidstrom regelt, der einen Kolben bewegt, oder ein Zylinder, der einen Baggerarm betätigt.

Atomstruktur Anordnung der Atome in einem Festkörper – regelmäßig wie in Kristallen und in den meisten Metallen, unregelmäßig wie in Glas oder gemischt wie in vielen Keramiken.

Energieumwandlung Energie kann von einer Form in eine andere umgewandelt werden. So wandelt ein Elektromotor elektrische Energie in mechanische Rotationsenergie um, eine Batterie chemische Energie in elektrische.

Keramik Harte, meist spröde nicht metallische Werkstoffe, die zum Einsatz kommen, wenn die daraus produzierten Teile hohen Temperaturen standhalten müssen oder eine herausragende Isolierung erforderlich ist.

Kinetische Energie Energie eines in Bewegung befindlichen Körpers oder Fluids.

Korrosion Fortschreitende Beschädigung freiliegender Metalloberflächen durch ihre chemische Umwandlung in Oxide oder andere Nebenprodukte wie die Rostbildung bei Stahl.

Laminare Strömung Sanfte Fluidströmung ohne Turbulenzen, typisch für langsame Strömungen.

Legierung Metallischer Werkstoff aus zwei oder mehr Elementen, von denen mindestens eines ein Metall ist. Die Legierung verbessert die Materialeigenschaften. So wird weiches Aluminium, legiert mit Zink, Magnesium, Kupfer und weiteren Elementen, hart wie Stahl.

Materialermüdung Fortschreitendes Versagen von Metallkomponenten, die einer zyklischen Belastung ausgesetzt sind wie Flugzeugflügel. Die Ingenieure müssen eine geringere maximale Belastung einplanen, um Ermüdungsbrüche zu vermeiden.

Polymerwerkstoff Fester Stoff, der aus Makromolekülen in Form von langen Ketten aus einfacheren Molekülen besteht, beim am weitesten verbreiteten Kunststoff Polyethylen (PE) Ketten von Ethen (Ethylen). Einige Polymere wie Kevlar (Aramide) sind extrem zugfeste Materialien.

Potenzielle Energie Beispielsweise in einer zusammengedrückten Feder, einer Batterie oder im Wasser eines höhergelegenen Stausees gespeicherte Energie, die zu einem späteren Zeitpunkt freigesetzt werden kann. Ein Pendel veranschaulicht die regelmäßige Hin-und-her-Umwandlung von potenzieller Energie, wenn es an beiden Enden des Schwungs kurz stillsteht, in kinetische Energie, wenn es sich in Bewegung befindet.

Rückkopplung System, das den Betriebszustand einer Maschine automatisch regelt, indem es ihn mit Sensoren misst und die Signale an den Eingang des Systems zurückführt, um die Aktoreinstellungen anzupassen und externe Störungen zu kompensieren.

Sensor Vorrichtung, die eine bestimmte physikalische Eigenschaft misst und ein Signal mit dem Messwert erzeugt. Ein Thermoelement misst die Temperatur und erzeugt eine kleine elektrische Spannung, die die Temperatur anzeigt.

Thermodynamik Teilgebiet der Physik, das Gesetze zur Bewegung von Wärme und Umwandlung von Energie beinhaltet. Sie ist vor allem für Ingenieure relevant, die mit Motoren, Klimaanlagen und chemischen Prozessen zu tun haben.

Turbulente Strömung Unregelmäßige Strömung von Fluiden mit Wirbeln, die sich unvorhersehbar in kurzen Abständen ändert, typisch für Flüssigkeiten in schneller Bewegung.

Verbundwerkstoff Materialgemisch aus zwei oder mehr Stoffen mit komplementären Eigenschaften. Stahlbeton besteht beispielsweise aus Beton und Bewehrungsstahl. Der spröde Beton hält im Verbund mit Stahl Zugbelastungen stand.

Verfügbarkeit Anteil der Zeit, in der Technik mit einer bestimmten Leistung arbeitet.

Verlässlichkeit Bei reparierbaren Geräten oder Anlagen ist die Mittlere Betriebsdauer *(Mean Time Between Failures*, MTBF) zwischen Ausfällen ein Maß für ihre Verlässlichkeit.

Walzen (Fertigungsverfahren) Die Materialeigenschaften von Metallen können verbessert werden, indem man sie zwischen Hochdruckrollen hindurchdrückt, sodass sie dünner, länger und stärker werden.

Wärmebehandlung Veränderung der Materialeigenschaften durch Erwärmen und Abkühlen. Erhitzt man beispielsweise Stahl und schreckt ihn in Wasser ab, wird er viel härter und spröder.

MASCHINENBAU

30-Sekunden-Fundament

3-SEKUNDEN-KERN
Der Maschinenbau befasst sich mit beweglichen Objekten und Fluiden, insbesondere Autos, Flugzeugen und Wasserversorgungssystemen. Er ermöglicht den Bau von Werkzeugmaschinen und die Automatisierung von Fabriken.

3-MINUTEN-EINFALL
Der nach einem französischen Ingenieur benannte Carnot-Prozess beschreibt eine ideale Wärme-Kraft-Maschine. Er erklärt, warum sich nicht alle Energie in fossilen Brennstoffen in Strom umwandeln und wie sich mechanische Energie zum Kühlen nutzen lässt, indem man den Wärmefluss umkehrt, der natürlich von warm zu kühl führt. Die Erhöhung der Energieeffizienz durch verbesserte mechanische Konstruktion zählt zu den einfachsten Möglichkeiten, um Treibhausgasemissionen und damit die globale Erwärmung zu minimieren.

Der Maschinenbau ist von entscheidender Bedeutung für die Entwicklung, Konstruktion und Produktion von beweglichen Objekten wie Maschinen, Werkzeugen, Motoren, Ölplattformen, Kunstherzen, künstlichen Blutgefäßen und vielen anderen. Die drei Newton'schen Gesetze liegen den Methoden zugrunde, mit denen Maschinenbauer die Funktionsweise von Maschinen erklären. Nach 1750, zur Zeit der industriellen Revolution, gelangten die Maschinenbauingenieure zu besonderer Bedeutung, da sie den Bau von Werkzeugmaschinen, Spinnmaschinen, Eisenbahnen, Schiffen und später auch Automobilen ermöglichten. Als Bernoulli mit seiner Gleichung die Newton'schen Gesetze auf bewegliche Fluide ausdehnte, konnten die Ingenieure Pumpen und Rohrleitungssysteme zur Bereitstellung von Trinkwasser und Ableitung von Abwässern entwerfen, die die Gesundheit der Menschen enorm verbesserten. Die Gesetze der Thermodynamik erklärten die Freisetzung von chemischer Energie in Wärmekraftmaschinen und ermöglichten den Bau schnellerer und sparsamerer Autos, Flugzeuge und Raumschiffe sowie energiesparender Klimaanlagen. Die Entwicklung von Werkzeugmaschinen setzte mit der fortschreitenden Automatisierung der Fabriken ein, die qualitativ hochwertige Fertigprodukte zu immer niedrigeren Preisen herstellten. Bessere Materialien in Kombination mit leistungsfähiger Computeranalyse und 3-D-Druck erhöhen die Gestaltungsmöglichkeiten erheblich.

VERWANDTE THEMEN
WERKSTOFFTECHNIK
Seite 60

MECHATRONIK
Seite 62

VERTEIDIGUNGSBEREITSCHAFT
Seite 64

3-SEKUNDEN-BIOGRAFIEN

DANIEL BERNOULLI
1700–1782
Schweizer Mathematiker, der beschrieb, wie die kinetische Energie eines Fluids in Bewegung der potenziellen Energie eines ruhenden Fluids mit einer bestimmten Tiefe entspricht

NICOLAS LÉONARD SADI CARNOT
1796–1832
Französischer Maschinenbauingenieur, der entdeckte, dass die Leistung einer Wärmekraftmaschine proportional zur Temperaturdifferenz zwischen den heißesten und kühlsten Teilen ist

30-SEKUNDEN-TEXT
James Trevelyan

Zentrale Themen im Maschinenbau sind die Bewegung von Maschinen, Mechanismen und Fluiden.

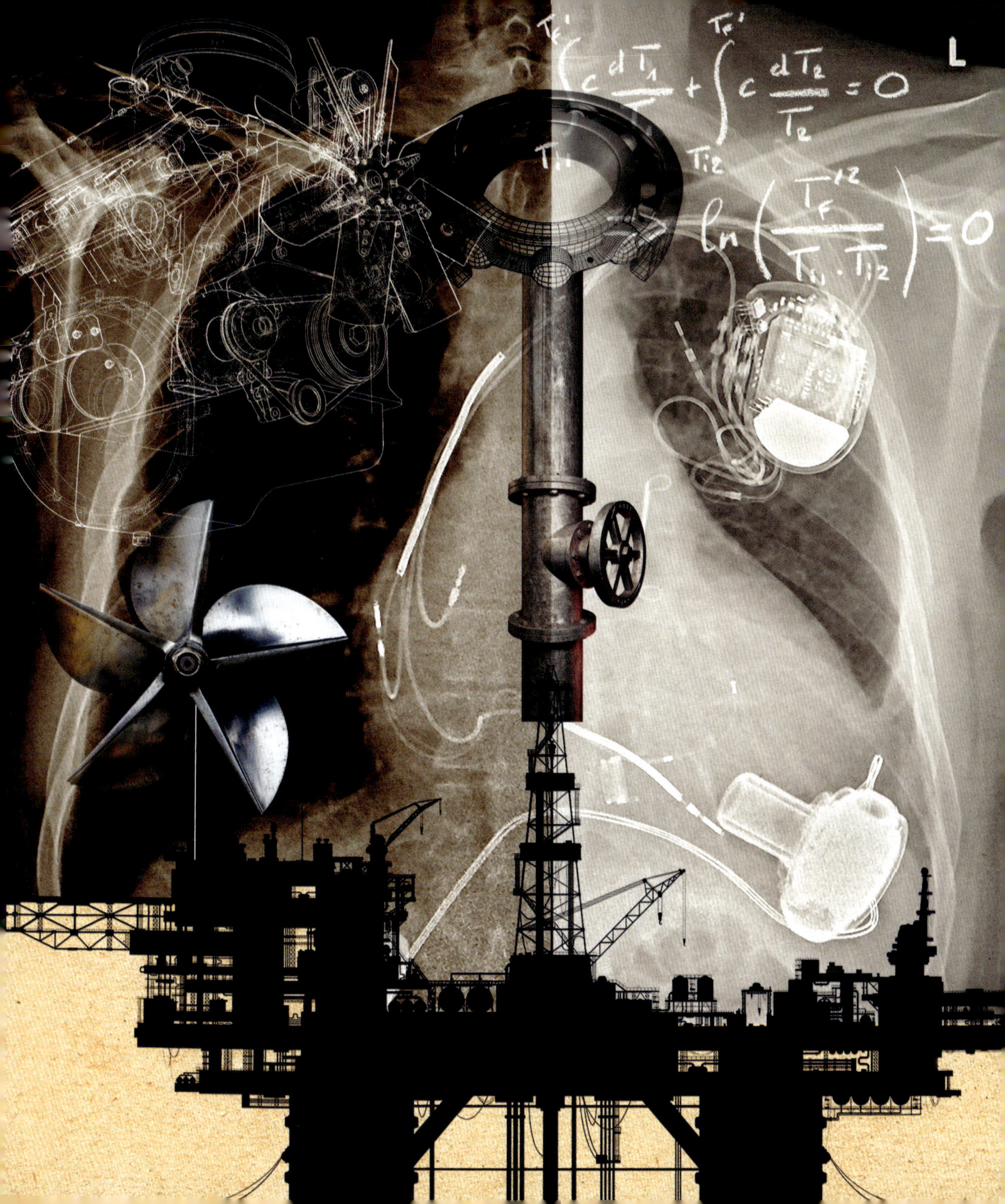

L
$\int_{T_{i1}}^{T_F'} c \frac{dT_1}{T_1} + \int_{T_{i2}}^{T_F'} c \frac{dT_2}{T_2} = 0$
$\ln\left(\frac{T_F^2}{T_{i1} \cdot T_{i2}}\right) = 0$

5. Juli 1820
Geburt in Edinburgh

1836–1838
Studium an der Universität Edinburgh: zwei Goldmedaillen für Aufsätze zur Wellentheorie des Lichts und zu Methoden der physikalischen Untersuchung; Abschluss in Bauingenieurwesen

1839
Assistent des Bauingenieurs John Benjamin MacNeill

1842
Mitglied der *Royal Scottish Society of the Arts*

1843
Publikation von *Fracture of Axles*, in dem er Metallermüdungsbrüche behandelt

1844
Anstellung bei *Locke and Errington*

1848
Beginn der Forschungen zur Molekularphysik und Thermodynamik

1849
Mitglied der *Royal Society of Edinburgh*

1852
Entwurf der Wasserversorgung von Glasgow aus dem Loch Katrine

1854
Keith medal der *Royal Society of Edinburgh* für Forschungen auf dem Gebiet der Thermodynamik; Regius-Professor für Bauingenieurwesen und Mechanik in Glasgow

1862
Manual of Civil Engineering

1863
Goldmedaille der *Institution of Engineers in Scotland* für einen Aufsatz zur Verflüssigung von Dampf

1866
Shipbuilding – Theoretical and Practical

1868
Mitglied der Königlich Schwedischen Akademie der Wissenschaften

1869
Machinery and Millwork

1872
Untersuchung von Mühlen-Explosionen

24. Dezember 1872
Tod in Glasgow

WILLIAM JOHN MACQUORN RANKINE

Die Wärmekraftmaschine hat unser Leben vermutlich stärker beeinflusst als alle anderen Bereiche des Maschinenbaus. Motoren wandeln Wärmeenergie in Form von Solar-, Kern-, fossiler und geothermischer Energie in nutzbare mechanische und elektrische um. Der schottische Ingenieur Macquorn Rankine leistete die theoretische und praktische Vorarbeit, die Ingenieuren den Bau von Automobilmotoren, Turbinen, Strahl- und Raketentriebwerken ermöglichte.

Den 1820 in Edinburgh geborenen Rankine hielt eine Krankheit in seiner Kindheit vom Schulbesuch ab. So wurde er vom Vater und Privatlehrern ausgebildet, bis ihm ein Onkel Newtons *Principia* schenkte, mit denen er sich höhere Mathematik und Mechanik selbst beibrachte. Er studierte Chemie und Bauingenieurwesen an der Universität Edinburgh und arbeitete danach sechzehn Jahre lang als Bauingenieur, bevor er als Professor für Bauingenieurwesen und Mechanik an die Universität Glasgow berufen wurde.

Allein der Umfang der von Rankine veröffentlichten Aufsätze und Bücher macht sprachlos: Mehrere Hundert waren es zwischen 1842 und 1872. Noch erstaunlicher ist jedoch die klare und einfache Formulierung seiner Texte, dank derer unzählige Ingenieure auf seinen Ideen aufbauen konnten. Vieles von dem, was er schrieb, gehört noch heute zu den Standardtexten für Maschinenbauer auf der ganzen Welt. Die meisten seiner oft originellen wissenschaftlichen Beiträge beruhten auf autodidaktischem Wissen.

Rankine arbeitete mit Rudolf Clausius und William Thomson (Lord Kelvin) zusammen, nach dem die absolute Temperaturskala benannt ist. Gemeinsam verfeinerten sie die Ideen des französischen Ingenieurs Sadi Carnot, die dieser zwei Jahrzehnte zuvor in seiner Schrift *Betrachtungen über die bewegende Kraft des Feuers und die zur Entwickelung dieser Kraft geeigneten Maschinen* formuliert hatte. Sie erläuterten das theoretische Verständnis zur Äquivalenz von Wärme und mechanischer Energie sowie der Umwandlung der beiden und erklärten damit, wie Wärmekraftmaschinen nützliche Arbeit leisten.

Die Bandbreite von Rankines Wirken ist beeindruckend: praktische Methoden zur Planung von Eisenbahntrassen, Forschungen zum Übergang vom flüssigen zum gasförmigen Zustand und umgekehrt, praktische Methoden zur Vorhersage der für den Antrieb von Dampfschiffen erforderlichen Leistung auf der Grundlage von vertraulichen Daten der Schiffbauer sowie die Auswirkungen von Wellen auf die Schiffsstabilität.

Rankine wurde von den Kollegen nicht nur für seine Beiträge zum Ingenieurwesen sehr geschätzt: »Die unermüdliche Freundlichkeit seines Charakters, seine Großzügigkeit im Geiste und die Wärme seiner Zuneigung machten ihn im Kreis seiner Freunde ebenso beliebt, wie er in der Welt der Wissenschaft geschätzt wurde.« Er starb an Heiligabend 1872 im Alter von nur 52 Jahren – unverheiratet und kinderlos.

James Trevelyan

WERKSTOFF-TECHNIK

30-Sekunden-Fundament

3-SEKUNDEN-KERN
Die Werkstofftechnik befasst sich mit Konstruktion, Anpassung und Auswahl der von den Ingenieuren verwendeten Materialien. Durch Veränderung von Zusammensetzung und Atomstruktur werden neue Materialien für spezielle Anwendungen entwickelt.

3-MINUTEN-EINFALL
Gemäß dem nach Robert Hooke, einem britischen Universalgelehrten aus dem 17. Jahrhundert, benannten Hooke'schen Gesetz verformt sich ein Material im Verhältnis zur Belastung bis zu einer bestimmten Grenze, und kehrt ohne Krafteinwirkung wieder in seine ursprüngliche Form zurück. Die Steifigkeit zählt zu den wichtigsten Materialeigenschaften. Ein steifer Werkstoff wie Beton verformt sich auch bei sehr hohen Belastungen nur wenig. Ein Kunststoff-Trinkhalm lässt sich dagegen mit wenig Kraftaufwand biegen.

Werkstoffe kommen aufgrund spezifischer Eigenschaften zum Einsatz: Festigkeit, Elastizität, Korrosionsbeständigkeit, elektrische Leitfähigkeit, Magnetismus oder auch Farbe und Erscheinung der Oberfläche. Oft werden dabei Metalle, Keramiken, Polymere und Verbundwerkstoffe unterschieden. Metalle wie Stahl, Aluminium und Kupfer kommen aufgrund ihrer Festigkeit und Elastizität mit am häufigsten zum Einsatz. Die harten und spröden Keramiken gelten als äußerst korrosions- und hitzebeständig, Kunststoffe dagegen als eher weich, biegsam und leicht formbar. In Verbundwerkstoffen wie glasfaserverstärktem Kunststoff, Knochen, Beton oder Holz sind mehrere davon kombiniert, sodass sie besondere Eigenschaften aufweisen. Werkstoffingenieure arbeiten nach dem Prinzip der „Prozessstruktur-Eigenschaft“. Die Materialzusammensetzung, ihre Herstellung und Weiterverarbeitung beeinflussen die Atomstruktur und bestimmen die Eigenschaften. Werkstoffingenieure suchen nach Wegen, Materialien mit den gewünschten Eigenschaften herzustellen. So machen das Legieren, die Wärmebehandlung und das Walzen Metalle stärker. Technologischer Fortschritt beruht oft auf neuen Werkstoffen: Spezielle Keramikfliesen schützten Raumfähren vor starker Hitze, Energiesparlampen verdanken ihre Existenz Stoffen, die beim Durchfluss eines elektrischen Stroms intensives Licht abgeben, während Kälte- und Klimaanlagen mit speziellen Flüssigkeiten funktionieren.

VERWANDTE THEMEN
MASCHINENBAU
Seite 56

NANOTECHNOLOGIE
Seite 104

MATERIALIEN IN DER LUFT- UND RAUMFAHRT
Seite 124

3-SEKUNDEN-BIOGRAFIEN

ADOLF MARTENS
1850–1914
Entdeckte, wie Stahl durch Erwärmen und Kühlen eine andere Kornstruktur erlangt

ALFRED WILM
1869–1937
Entwickelte hochfeste Aluminiumlegierungen für Flugzeuge

STEPHANIE KWOLEK
1923–2014
Erfand Kevlar, äußerst hochfeste Polymerfasern, die in kugelsicheren Westen verwendet werden

30-SEKUNDEN-TEXT
Tim Sercombe

Die Werkstofftechnik stellt die Grundlage aller anderen Ingenieurdisziplinen dar.

MECHATRONIK

30-Sekunden-Fundament

3-SEKUNDEN-KERN
Die Mechatronik beschreibt Systeme mit mechanischen, elektrischen und elektronischen Geräten, meist gesteuert von Computern. Sie tragen dazu bei, komplexe Maschinen sicher und äußerst zuverlässig funktionieren zu lassen.

3-MINUTEN-EINFALL
Die Ingenieure, die komplexe Steuerungssysteme entwerfen, haben dabei einen zuverlässigen und sicheren Betrieb unter normalen Bedingungen im Auge. Deutlich schwieriger ist ein Design, bei dem man Sensoren und andere Teile für Reparaturen und Wartung abschalten kann, ohne die umfassende und ständige Sicherheit zu gefährden. Bugs in der Software bleiben nicht selten unentdeckt, da sie seltener gewartet wird. Wartungstechniker müssen Softwarefehler von zufälligen Komponentenausfällen unterscheiden können.

In den Achtzigerjahren steuerten Elektronik und Mikrocomputer Roboter, Automotoren und andere Maschinen. Schon bald waren Fachingenieure gefragt, die mit Computern verbundene elektrische Maschinen mit Sensoren bauten und für die von Japan ausgehend die Bezeichnung »Mechatroniker« aufkam. Da sie am besten Bescheid wussten, schrieben sie auch die Software dazu. Die Mechatronik läutete das Zeitalter der intelligenten Maschinen ein, die ihr Verhalten anpassen können. So stellt ein Computer sicher, dass Automotoren auch bei kältestem Wetter leicht starten und möglichst wenig Kraftstoff verbrauchen. Ein anderer Computer erkennt den Fahrer mit dem Schlüssel und öffnet die Tür. Die Regelung per Rückkoppelung ist von zentraler Bedeutung für die Mechatronik. So passt ein Tempomat die Motorleistung aufgrund der Daten des Geschwindigkeitssensors an: Wird das Fahrzeug langsamer, sorgt er für eine höhere Kraftstoffzufuhr und Motorleistung, ist dagegen die Geschwindigkeit zu hoch, reduziert er die Motorleistung. Heute können Fahrzeuge auf einer Autobahn dem vorausfahrenden in bestimmtem Abstand folgen, indem Radarsensoren diesen messen und bei Bedarf eine Bremsung einleiten. Sicherheit und Zuverlässigkeit sind in der Mechatronik die wichtigsten Herausforderungen. Die von Mechatronikern entworfenen Antiblockiersysteme (ABS) und ähnliche technische Sicherheitssysteme gelten als sehr zuverlässig.

VERWANDTE THEMEN

ROBOTIK & AUTOMATISIERUNG
Seite 70

RECHNERTECHNIK
Seite 98

SELBSTFAHRENDE KRAFTFAHRZEUGE
Seite 128

3-SEKUNDEN-BIOGRAFIEN

ÁNYOS ISTVÁN JEDLIK
1800–1895
Erfand 1828 den praktisch verwendbaren Elektromotor

ERNST WERNER SIEMENS
1816–1892
Entwickelte elektrische Telegrafen sowie Motoren und gründete die gleichnamige Firma

ROBERT BOSCH
1861–1942
Entwickelte zuverlässige Zündkerzen für Automobile, führte den Acht-Stunden-Arbeitstag ein und sorgte dafür, dass die Gewinne seines Unternehmens wohltätigen Zwecken zugutekamen

30-SEKUNDEN-TEXT
James Trevelyan

Intelligente Maschinen erkennen drohende Störungen und schlagen bei der Wartung Alarm.

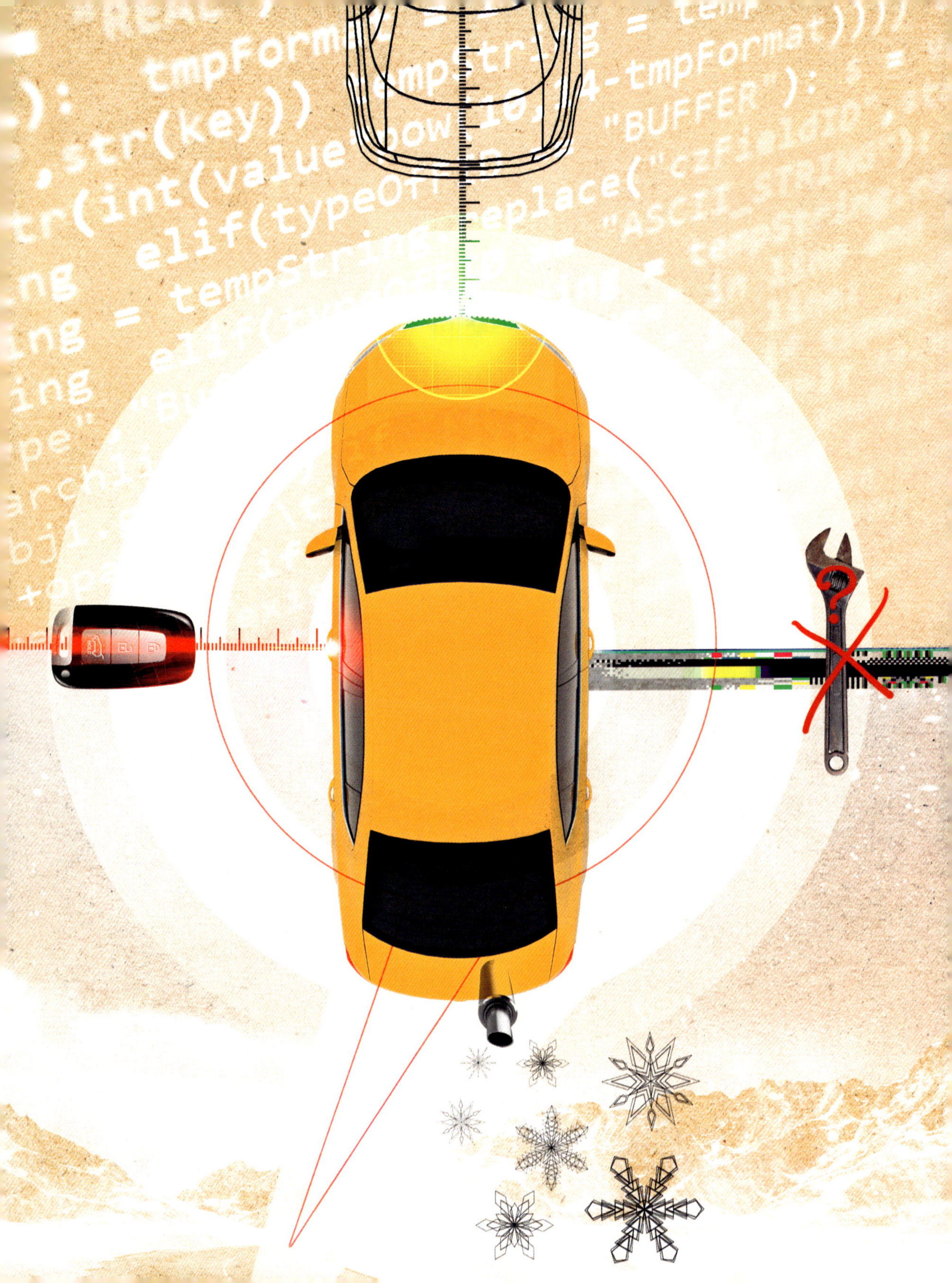
tmpForm
.str(key))
tr(int(value
-tmpFormat))))
"BUFFER"):
elif(typeOf
replace("
tempString

VERTEIDIGUNGS-BEREITSCHAFT

30-Sekunden-Fundament

Investitionen in die militärische Verteidigung gelten als Versicherungspolice gegen mögliche militärische Angriffe. Wehringenieure sorgen dafür, dass teure militärische Ausrüstung bei Bedarf für drei oder vier Jahrzehnte bei möglichst geringen Instandhaltungskosten funktioniert. Die rasanten Fortschritte in der Elektronik und im Bereich der Computer haben neue Herausforderungen mit sich gebracht. Die Originalelektronik besteht mit großer Sicherheit zumindest teilweise aus veralteten Komponenten, sodass große Mengen an Ersatzteilen gelagert werden müssen. In Fahr- und Flugzeugen sowie Schiffen muss bei Bedarf die teure Elektronik vollständig durch neue ersetzt werden, nur um angemessene Fähigkeiten aufrechtzuerhalten. Die betreffende Technik muss für Monate, manchmal sogar Jahre außer Betrieb gesetzt werden. Dank hochwertiger Fertigungsmethoden sind diese Herausforderungen inzwischen zu meistern, und die Sicherheit von Zivilflugzeugen gilt als gewährleistet. Ein zentraler Bestandteil ist die Rückverfolgbarkeit: die Aufzeichnung jeder Charge, jedes Produktionsablaufs und sogar der Beiträge jedes Mitarbeiters zur Herstellung von Komponenten. Ingenieure prognostizieren Zuverlässigkeit und Verfügbarkeit und entscheiden aufgrund von Statistiken über die wirksamsten Verbesserungen. Eine detaillierte Überwachung und Protokollierung sind ebenso unerlässlich wie qualifizierte Wartungstechniker.

3-SEKUNDEN-KERN

Die Sicherstellung der ständigen Einsatzbereitschaft sündhaft teurer Rüstungsgüter durch Ingenieure hat hochwertige Fertigungsmethoden hervorgebracht, die heute zur Produktion hochwertiger Konsumgüter eingesetzt werden.

3-MINUTEN-EINFALL

Um die Mitte des 20. Jahrhunderts gab es an fast jeder Straßenecke Reparaturwerkstätten. Schäden an Motor und Elektrik gehörten zum Leben. Heute geben die Automobilhersteller 100 000 Kilometer Garantie, und die Werkstätten sind fast verschwunden. Für die militärische und zivile Luftfahrt entwickelte hochwertige Fertigungsmethoden, werden inzwischen fast universell eingesetzt. Wir alle profitieren von unzähligen kleinen Verbesserungen durch Tausende von Ingenieuren in Fabriken auf der ganzen Welt.

VERWANDTE THEMEN

MASCHINENBAU
Seite 56

WERKSTOFFTECHNIK
Seite 60

MATERIALIEN IN DER LUFT- UND RAUMFAHRT
Seite 124

3-SEKUNDEN-BIOGRAFIEN

KONOSUKE MATSUSHITA
1894–1989
Gründete *Panasonic*, eines der ersten Unternehmen, das die Ideen von Deming zur Qualitätsfertigung umsetzte

W. EDWARDS DEMING
1900–1993
Maßgeblich für die Entwicklung einer qualitativ hochwertigen Fertigung verantwortlich

GEOFFREY LIGHT WILDE
1917–2007
Leitete die Entwicklung zuverlässiger Flugzeugtriebwerke bei Rolls-Royce, die in den modernen Flugzeugen zum Einsatz kommen

30-SEKUNDEN-TEXT

James Trevelyan

Ingenieure sagen voraus, wie viele Stunden ein Flugzeug oder Schiff ohne Wartung betrieben werden kann.

VON DRUCKLAGERN ZU TERABYTES

30-Sekunden-Fundament

Eine bestimmte Erfindung ermöglichte die Entwicklung effizienter Schiffsschrauben (Schiffspropeller). Da diese sich drehen, nicht aber das Schiff, wird ein spezielles Drucklager benötigt, um die Schubkraft auf den Schiffsrumpf zu übertragen. Bei großen Schiffen kann sie über 200 Tonnen betragen. 1905 entwickelten zwei Maschinenbauer, Anthony Michell in Australien und Albert Kingsbury in den USA, unabhängig voneinander das Axial-Kippsegmentlager, bei dem eine leicht geneigte, in Öl getauchte Stahlplatte sich über eine rotierende Scheibe bewegt. Öl wird zwischen die Scheiben gedrückt und hält sie auseinander. Selbst für die größten Schiffe reichen sechs Scheiben aus, die einen Kreis mit anderthalb Metern Durchmesser bilden. Die Entwickler der ersten Festplatten standen vor einer anderen Herausforderung: Wie konnten sie sicherstellen, dass der Magnetkopf stets 10 000 Nanometer über der sich drehenden Plattenoberfläche schwebte, was einem Neuntel des Durchmessers eines menschlichen Haars entspricht? Sie griffen zu einer fast identischen Lösung: Der leicht geneigte Kopf schwebt im Gehäuse auf einem dünnen Luftpolster über der Scheibenoberfläche. In den frühen Siebzigerjahren wiesen die Scheiben in Festplatten mit fünf Megabyte Speicher einen Durchmesser von 40 Zentimetern auf. Nur vier Jahrzehnte später schwebte der Kopf in einer Höhe von nur noch fünf Nanometern, und Festplatten im Taschenformat speicherten eine Million Mal mehr Daten.

3-SEKUNDEN-KERN

Zwei Maschinenbauer erfanden ein Drucklager, um den Schub der Schraube auf das Schiff zu übertragen. Nach dem gleichen Prinzip überfliegen die Schreib-Lese-Köpfe die Festplatte in wenigen Nanometern Entfernung.

3-MINUTEN-EINFALL

Die Festplattenköpfe schweben auf einem dünnen Luftpolster über den rotierenden Scheiben. Ein flexibler Arm gleicht die Hubkraft des Luftfilms aus. Aber was, wenn der Strom ausgeht? Was hindert den Kopf daran, auf der Oberfläche aufzusetzen, wenn die Scheibe stoppt? Der Steuercomputer erkennt den Leistungsabfall und bewegt den Kopf rasant zur sogenannten Landezone, bevor keine Versorgungsspannung mehr vorhanden ist. Der Kopf wird so in einem ungenutzten Bereich der Festplatte geparkt.

VERWANDTE THEMEN

MASCHINENBAU
Seite 56

RECHNERTECHNIK
Seite 98

SCHWIMMENDE FABRIKEN
Seite 120

3-SEKUNDEN-BIOGRAFIEN

OSBORNE REYNOLDS
1842–1912
Irischer Mathematiker, Erfinder und Ingenieur, der laminare und turbulente Strömungen studierte. Aufgrund der Reynolds-Zahl weiß der Ingenieur, wann die laminare Strömung turbulent wird.

ALBERT KINGSBURY
& ANTHONY MICHELL
1863–1943 & 1870–1959
Amerikanischer und australischer Maschinenbauer, die gleichzeitig ein bei den Wellenanlagen von Schiffsschrauben zum Einsatz kommendes Drucklager (Segmentlager) erfanden

30-SEKUNDEN-TEXT

James Trevelyan

Die Erfindung desKippsegmentlagers revolutionierte die Fertigung von Schiffen und Festplatten.

WINDENERGIE

30-Sekunden-Fundament

3-SEKUNDEN-KERN
In Windparks wird Strom, oft offshore, so günstig erzeugt wie mit fossilen Brennstoffen. Die gesellschaftlichen, ökologischen, wirtschaftlichen und technologischen Auswirkungen der Windkraft werden bis heute kontrovers diskutiert.

3-MINUTEN-EINFALL
Die Sonne erwärmt die Atmosphäre und verursacht Wind. Er liefert saubere Energie, wenn auch mit Abstrichen. Die Produktion von Kohlenstofffasern verbraucht mehr Energie als die von Metallen und dauert mitunter länger. Natürliche Verbundwerkstoffe sind umweltfreundlicher, aber noch nicht so einfach zu verarbeiten. Windkraftanlagen sind laut und für Vögel nicht ungefährlich. Deshalb versuchen Ingenieure, Wirtschaftlichkeit mit akzeptablen sozialen und ökologischen Auswirkungen zu vereinen.

Windgetriebene Schiffe fuhren schon vor über zwei Jahrtausenden auf dem Nil, Bauern im alten China benutzten windgetriebene Wasserpumpen, die alten Perser mahlten Getreide mit Windkraftanlagen mit Schilfsegeln. Die Rotorblätter heutiger Windturbinen gleichen Flugzeugflügeln, um die Windenergie möglichst umfassend zu nutzen. Ein Generator wandelt die Drehung der Achse in Strom um. Bei den herkömmlichen Windturbinen sind diese horizontal: Die Rotorblätter drehen sich um eine zum Boden parallele Linie, sodass die Achse stets auf den Wind ausgerichtet sein muss. Kohlefaserwerkstoffe ermöglichen Ingenieuren den Bau leichter, 80 Meter langer Blätter, und computergesteuerte Maschinen stellen sie mit speziellen Profilen her, um die Lärmentwicklung zu vermindern. Da die Rotoren immer mehr Leistung erzeugen, müssen die Windturbinen über Kühlsysteme verfügen. Diese schützen wichtige Teile der Anlage vor Überhitzung: erstens die Elektronik, die Blätter und Achse für eine maximale Leistung dynamisch nach der Windrichtung ausrichtet, und zweitens die Getriebe der Achse, die ihre Umdrehungszahl und damit die Stromproduktion entsprechend erhöhen. Vertikalrotoren ähneln Schneebesen und müssen nicht auf den Wind ausgerichtet werden, erfordern aber Starthilfe. Da die Windstärke nicht gleich bleibt, müssen ergänzende Energiequellen für den Ausgleich von Stromnachfrage und -angebot sorgen.

VERWANDTE THEMEN
STROMERZEUGUNG & ENERGIESPEICHER
Seite 78

ELEKTROTECHNIK
Seite 94

MATERIALIEN IN DER LUFT- UND RAUMFAHRT
Seite 124

3-SEKUNDEN-BIOGRAFIEN

HERON VON ALEXANDRIA
um 10–70 n. Chr.
Erfand eine windgetriebene Orgel, einen Weihwasserautomaten und Pumpen

JAMES BLYTH
1839–1906
Baute die ersten stromerzeugenden Windturbinen mit vertikaler Rotationsachse (VAWT)

GEORGES DARRIEUS
1888–1979
Erfand den Darrieus-Rotor, einen modernen Vertikalrotor

30-SEKUNDEN-TEXT
Jenn Stroud Rossmann

Die technische Nutzung der erneuerbaren Windenergie wird von Ingenieuren immer weiterentwickelt.

f_1
a
IV
g
I
a
f_2

ROBOTIK & AUTOMATISIERUNG

30-Sekunden-Fundament

Roboter sind das neueste Hilfsmittel, mit dem der Mensch seine Fähigkeiten erweitert hat. Die Robotik-Ingenieure beschäftigen sich zumeist mit Robotern, die den mechanischen Humanoiden mit künstlichen Augen und maschineller Intelligenz aus der Science Fiction kaum ähnlich sehen. In automatisierten Fabrikanlagen übernehmen Maschinen spezifische Aufgaben wie das Formen eines Mehrfachsteckers aus Kunststoff samt Kabel. Roboter führen insbesondere komplexe Bewegungen aus. Die Entwicklung von Robotern ist sehr komplex und umfasst mechanische Eigenschaften, Getriebe und Bremsen, Elektromotoren, Batterien, Hydraulik, elektronische Sensoren, Datenkommunikation und Computer. Ingenieure gehen mit ihrem Einfallsreichtum bis an die Grenzen von Materialökonomie, Festigkeit und Haltbarkeit. Die Softwareentwicklung ist meist mit dem größten Aufwand verbunden. Industrieroboter führen präzise die immer gleichen Bewegungen aus. Sie sind Teil einer Produktionsstätte mit Förderbändern zum Transportieren von Teilen, verfügen über Greifarme und Werkzeuge wie Punktschweißzangen. Dank Sicherheitsverriegelungen können Techniker Ausfälle sicher beheben oder Änderungen vornehmen. Das Entwerfen, Bauen, Programmieren und Testen der Produktionsanlage ist mit viel Aufwand verbunden. Sie muss nach einem Defekt, beispielsweise durch ein eingeklemmtes Teil, schnell wieder betriebsbereit sein.

3-SEKUNDEN-KERN

Die Ingenieure für Robotik und Automatisierung sind meist damit beschäftigt, die Produktivität und Qualität in Fabriken und Lagern zu verbessern. Roboter arbeiten am besten in speziell gestalteten Umgebungen, in denen sie wissen, wo sie sich befinden.

3-MINUTEN-EINFALL

Künstliche Intelligenz soll es stummen Robotern ermöglichen, in unstrukturierten Umgebungen wie der Katastrophenhilfe zu arbeiten. Aber trotz einer vielversprechenden Neuerung namens Deep Learning ist es noch ein weiter Weg bis dahin. Autonome Drohnen und Fahrzeuge mit billigeren, leistungsfähigeren und zuverlässigeren Sensoren, Motoren und Batterien kommen auf den Markt, und die virtuelle Realität macht die Steuerung von Robotern immer einfacher.

VERWANDTE THEMEN

MECHATRONIK
Seite 62

SELBSTFAHRENDE KRAFTFAHRZEUGE
Seite 128

TRANSPORT DER ZUKUNFT: DROHNENSCHIFFE
Seite 150

3-SEKUNDEN-BIOGRAFIEN

KAREL ČAPEK
1890–1938
Tschechischer Autor, der in einem Drama den Begriff »Roboter« für künstliche Arbeiter einführte

GEORGE C. DEVOL JR.
1912–2011
Erhielt US-Patent für *Programmed article transfer*, konstruierte den ersten Industrieroboter »Unimate«

JOSEPH ENGELBERGER
1925–2015
Entwickelte erste kommerzielle Industrieroboter für gefährliche Industriearbeiten mit und gilt als Vater der Robotik

30-SEKUNDEN-TEXT

James Trevelyan

Mobile Roboter kommen in Häfen, Bergwerken, Lagern und auch Krankenhäusern zum Einsatz.

CHEMIEINGENIEURWESEN & ENERGIEERZEUGUNG

CHEMIEINGENIEURWESEN & ENERGIEPRODUKTION
GLOSSAR

Brennstoffzelle In einer chemischen Reaktion verbinden sich darin Gase und Flüssigkeiten, wobei die Reaktionsenergie in Strom umgewandelt wird. Das Gegenstück zum Elektrolyseur.

Elektrische Leistung Strombedarf, der sich aus der Anzahl und dem Leistungsbedarf aller derzeit in einem Stromnetz angeschlossenen und eingeschalteten Geräte ergibt.

Elektrolyseur Vorrichtung, in der mithilfe von Strom eine chemische Umwandlung wie die von Wasser in Wasserstoff und Sauerstoff herbeigeführt wird. In einer Brennstoffzelle läuft der umgekehrte Prozess ab.

Erneuerbare Energien Energie aus natürlichen Quellen wie Wind, Sonneneinstrahlung, Gezeiten, Wellen, Biomasse oder Geothermie.

Geothermie Erdwärme aus dem zugänglichen Teil der Erdkruste.

Gesamtzeichnung (GZ) Stellt n der Regel maßstabsgerecht alle Hauptkomponenten einer Prozessanlage oder einer anderen Maschine dar und verdeutlicht, wie sie im dreidimensionalen Raum im Verhältnis zueinander angeordnet sind. Detailzeichnungen zeigen dagegen die physikalischen Einzelheiten der Komponenten, die für die Herstellung und Montage benötigt werden.

Grundlast Strommenge, die rund um die Uhr mindestens benötigt wird, um den wechselnden Bedarf zu decken. Steigt der Strombedarf an, spricht man von Mittel- bzw. im Extremfall von Spitzenlast.

Grundoperation (chemische Verfahrenstechnik) Einzelschritt in einem chemischen verfahrenstechnischen Prozess wie die Abtrennung von Pulver aus Flüssigkeiten, die feste Bestandteile enthalten.

Kernspaltung Spaltung der Atomkerne eines großen, schweren Elements wie Uran nach der Absorption von Neutronen. Ein Teil der Masse wird dabei in eine große Menge an Energie umgewandelt, sodass die Masse der Abfallprodukte etwas geringer ausfällt.

Massen- und Energiebilanz Bilanz aller Material- und Energiezu- und -abgänge für eine einzelne Prozesseinheit, erstellt mithilfe chemischer Reaktions- und Zustandsgleichungen zur Berechnung physikalischer und chemischer Transformationen.

Programmablaufplan (PAP) Stellt alle in einer Prozessanlage vorhandenen Prozesseinheiten dar; erklärt, wie die zugeführten Feststoffe, Flüssigkeiten und Gase gemischt und in die Endprodukte umgewandelt werden.

Prozessanlage Verfahrenstechnische Anlage mit Tanks, Reaktionsbehältern, Pumpen, Rohrleitungen und zugehörigen Maschinen zum Mischen und Umwandeln von Feststoffen, Flüssigkeiten oder Gasen in Produkte mit Wert. So veredelt eine Mineralaufbereitungsanlage Schotter, und Kraftwerke produzieren Energie aus Brennstoffen.

Pumpspeicherkraftwerk Wasser wird in einen höhergelegenen Stausee gepumpt und als potenzielle Energie gespeichert, wenn überschüssiger Strom verfügbar ist, um später zur Stromerzeugung über eine Turbine geleitet zu werden und den Spitzenstrombedarf zu decken.

Radioaktive Abfälle Abfallprodukte der Kernspaltung oder andere Stoffe, die Strahlung und energiereiche Partikel freisetzen, deren Intensität sich entsprechend der Halbwertszeit des jeweiligen Elements um die Hälfte reduziert.

Risikoanalyse Einschätzung der Wahrscheinlichkeit und der Folgen von Ereignissen, die mit einer gewissen Wahrscheinlichkeit eintreten könnten, um über Maßnahmen zu entscheiden, die die Wahrscheinlichkeit des Eintretens und die Folgen unerwünschter Ereignisse vermindern.

R&I-Fließschema (Rohrleitungs- und Instrumentenfließschema) Fließbild, das alle Tanks, Pumpen, Reaktionsgefäße, Rohrleitungen und die Geräteausstattung darstellt, die für den Bau einer Prozessanlage und die Regelung ihres Betriebs erforderlich sind.

Stromnetz Gesamtes Stromversorgungssystem einschließlich Stromerzeugungsanlagen, Transformatoren, Schaltanlagen und Stromleitungen.

Trägheit (Drehung) Neigung eines Rades, sich immer weiterzudrehen – seine kinetische Rotationsenergie.

Verlässlichkeit Bei reparierbaren Geräten oder Anlagen ist die Mittlere Betriebsdauer *(Mean Time Between Failures*, MTBF) zwischen Ausfällen ein Maß für ihre Verlässlichkeit.

CHEMIE-INGENIEURWESEN

30-Sekunden-Fundament

Chemieingenieure entwerfen und bauen die Produktionsanlagen von Stoffen wie Wasser, Treibstoff und Medikamenten, die der zivilisierte Mensch benötigt. Sie wissen aufgrund einer Mischung aus naturwissenschaftlichem, mathematischem und praktischen Kenntnissen sowie Intuition, auf welche Weise diese komplexen Ansammlungen von Maschinen harmonisch zusammenwirken, die aus einer Kette von »Grundoperationen« bestehen. Ingenieure stellen die Massen- und Energiebilanz jeder dieser Einheiten mit Zu- und Abgang von Energie und Stoffen grafisch dar. Da Materie und Energie weder geschaffen noch vernichtet werden können, bestimmen chemische und thermodynamische Gleichungen, wohin Masse und Energie gehen. Auf der Grundlage der Massenbilanz wird ein Programmablaufplan (PAP) erstellt – Ausgangspunkt für die Anlagenentwicklung. Die Anlage wird durch das R&I-Fließschema definiert, das alle erforderlichen Informationen enthält, um den Prozess betriebssicher zu steuern. Eine Gesamtzeichnung (GZ) zeigt den Anlagenaufbau meist dreidimensional. Jedes Detail wird vor dem Anlagenbau überprüft. Die Kosten für Prozessanlagen können sich auf Hunderte Millionen Euro belaufen, und davon kann eine große Gefahr ausgehen, wenn sie nicht richtig geplant und betrieben werden. Ingenieure müssen sich vor Baubeginn sicher sein, dass sie das richtige Verhältnis von Kosten, Sicherheit und Zuverlässigkeit erreicht haben.

3-SEKUNDEN-KERN

Chemieingenieure planen und betreiben verfahrenstechnische Anlagen in zahlreichen Branchen. Diese produzieren die von den Menschen benötigten Stoffe, darunter auch viele, die wir nicht als »Chemikalien« betrachten.

3-MINUTEN-EINFALL

Die chemische Verfahrenstechnik ist entscheidend für die Versorgung mit sauberem Trinkwasser und die Klärung von Abwässern. Damit trägt sie mehr zur Gesundheit bei als Fortschritte in der Medizin. Die Verpackung und Verarbeitung von Lebensmitteln reduziert den Abfall erheblich und auch die Anbaufläche. Da der Betrieb von Chemieanlagen auch mit großen Gefahren verbunden ist, bemühen sich Chemieingenieure ständig um die Verbesserung der Sicherheit dieser großen Prozessanlagen.

VERWANDTE THEMEN

ORGANISATIONSSICHERHEIT
Seite 82

SICHERHEIT VON PROZESSANLAGEN
Seite 84

KUNSTSTOFFE & DÜNGEMITTEL
Seite 86

3-SEKUNDEN-BIOGRAFIEN

GEORGE E. DAVIS
1850–1907
Britischer Ingenieur, der als Vater der Chemieingenieurwissenschaften gilt und Schlüsselbegriffe wie »Grundoperation« prägte

MARGARET ROUSSEAU
1910–2000
Amerikanische Chemieingenieurin, die die erste kommerzielle Penizillinproduktionsanlage entwarf und das erste weibliche Mitglied des *American Institute of Chemical Engineers* wurde

30-SEKUNDEN-TEXT

Seán Moran

Die Ingenieure testen jeden Teil der Anlage auf Herz und Nieren, bevor mit der Serienproduktion begonnen wird.

STROMERZEUGUNG & ENERGIESPEICHER

30-Sekunden-Fundament

Ingenieure führten in den 1880er-Jahren die ersten stadtweiten Stromnetze ein. Den Löwenanteil des Stroms liefern mechanische, von Dampfturbinen angetriebene Generatoren. Der Dampf wird dabei durch die Verbrennung von Kohle, Öl, Gas oder im Kernreaktor erzeugt. Die Trägheit der rotierenden Turbinen stabilisiert das Netz. Schaltet jemand das Licht an, so steigt der Energiebedarf sofort leicht an. Der Rotor eines Generators dreht sich ein wenig langsamer, und automatische Systeme speisen mehr Gas oder Dampf ein, um dies zu kompensieren. Die Ingenieure müssen die Deckung von Nachfragespitzen sicherstellen: Deshalb werden viele Generatoren für den Fall der Fälle ständig in Drehung gehalten. Der zweite Hauptsatz der Thermodynamik begrenzt den Wirkungsgrad: Generatoren erzeugen auch CO_2 und andere Schadstoffe sowie Abwärme. Erneuerbare Energien wie Wind, Sonne und Gezeiten tragen zur Senkung des CO_2-Ausstoßes bei, aber ihre Stromproduktion ist nicht stabil. Die ständige Anpassung der Stromproduktion durch mechanische Generatoren, um das Gleichgewicht zwischen Nachfrage und Angebot an Strom aus erneuerbaren Energien zu bewahren, ist teuer und belastet die Umwelt zusätzlich. Batteriespeicherkraftwerke werden jedoch allmählich wirtschaftlich, und Wasserelektrolyseanlagen produzieren Wasserstoff, der gespeichert und später in Brennstoffzellen in Strom umgewandelt wird. So können Bedarfsschwankungen ausgeglichen werden.

3-SEKUNDEN-KERN
Die Stromerzeugung aus erneuerbaren Energien schwankt. Die Stromspeicherung in riesigen Batterien gleicht Angebots- und Nachfrageschwankungen aus.

3-MINUTEN-EINFALL
Die für Handys und Unterhaltungselektronik entwickelten Lithium-Ionen-Akkus werden zunehmend für den Antrieb von Autos und die Stromspeicherung genutzt. Der Strompreiskampf treibt die Anforderungen an Großbatterien hoch und fördert die Suche nach sichereren, preisgünstigen Batterien mit mehr Kapazität. Riesige Batterien aus Hunderttausenden daumengroßer, in Massenproduktion gefertigter Zellen amortisieren ihre hohen Produktionskosten, indem sie billigen Überschussstrom speichern und ins Netz speisen, wenn Nachfrage und Preise hoch sind.

VERWANDTE THEMEN
WINDENERGIE
Seite 68

KERNENERGIE
Seite 80

ENERGIE- & FINANZWESEN
Seite 140

3-SEKUNDEN-BIOGRAFIEN

WILLIAM ROBERT GROVE
1811–1896
Erfand 1839 die »galvanische Gasbatterie«, deren Prinzip von der NASA genutzt wird

NIKOLA TESLA
1856–1943
Entwickelte Wechselstromgeneratoren, Motoren und Stromübertragungssysteme

EDITH CLARKE
1883–1959
Vorreiterin der mathematischen Beschreibung von Stromnetzen zur Vorhersage von Belastungskapazität und Stabilität

30-SEKUNDEN-TEXT
Paul Shearing

Elektrische Energie hält die menschlichen Gesellschaften am Laufen.

KERNENERGIE

30-Sekunden-Fundament

Die Kernspaltung in Leistungsreaktoren setzt Wärme frei, mit der Strom erzeugt wird. Der Reaktor verbraucht nur sehr wenig Uran und anderen Brennstoff – bei gleicher Strommenge nach dem Volumen etwa 50 Millionen Mal weniger als Kraftwerke mit fossilen Brennstoffen. Hochradioaktive Abfälle werden von der Umwelt isoliert, und die Kernkraftwerke lagern oder verarbeiten sämtliche Abfälle. Kernkraftwerke arbeiten wie Kraftwerke mit fossilen Brennstoffen am besten mit Grundlaststrom im Dauerbetrieb. Außerdem werden zusätzliche Kapazitäten bereitgehalten, auf die bei Bedarf zugegriffen werden kann. Obwohl die Sicherheitsbedenken bezüglich der Kernenergie nach wie vor groß sind, gilt sie in zahlreichen Ländern als unentbehrlich und trägt dort zur Aufrechterhaltung der Stromversorgung sowie zur Stabilisierung der Netzfrequenz bei, während sie gleichzeitig die Treibhausgasemissionen reduziert. Sauberer Strom aus erneuerbaren Energien ersetzt nach und nach Kohle und Gas, aber die Speicherung von großen Energiemengen zur Deckung des wechselnden Strombedarfs in Batterien oder in Stauseen ist mit hohen Kosten verbunden und setzt teilweise auch neue Technologien voraus. Wenn eines Tages die Kernfusion kontrolliert durchführbar wird, könnten Fusionsreaktoren große Energiemengen produzieren. Allerdings könnten bis dahin noch Jahrzehnte vergehen.

3-SEKUNDEN-KERN

Die Kernenergie liefert Grundlaststrom und dient der Netzstabilisierung. Aufgrund ihrer minimalen Treibhausgasemissionen werden viele Länder auf die Kernenergie angewiesen sein, um ihre Emissionsziele zu erreichen.

3-MINUTEN-EINFALL

Wachsende Forderungen nach dem Erhalt von Umwelt und Biodiversität, die Wahrung der Rechte indigener Völker sowie die Reduzierung von Treibhausgasemissionen treiben die Entwicklung von SMR, kleinen, modularen Kernkraftwerken voran. Deren Reaktormodule lassen sich austauschen, bevor der Brennstoff aufgebraucht ist, und zur Wiederauffüllung und Abfallentsorgung in eine zentrale Aufbereitungsanlage bringen. SMR sind sicherer und einfacher zu steuern und erfüllen dieselben Aufgaben wie ihre großen Brüder.

VERWANDTE THEMEN

STROMERZEUGUNG & ENERGIESPEICHER
Seite 78

ORGANISATIONSSICHERHEIT
Seite 82

ELEKTROTECHNIK
Seite 94

3-SEKUNDEN-BIOGRAFIEN

SIR CHRISTOPHER HINTON
1901–1983
Leitete die Planung des ersten Kernkraftwerks, das in größeren Mengen kommerziell Strom erzeugte, in Calder Hall, England

ENRICO FERMI
1901–1954
Plante den ersten Kernspaltungsforschungsreaktor in Chicago, Namensgeber des Elements Fermium

YANOSUKE HIRAI
1902–1986
Leitete die Planung von Kernkraftwerken in Japan, die dem Erdbeben von 2011 standhielten

30-SEKUNDEN-TEXT

Jorge Spitalnik

Kernreaktoren erzeugen kaum Treibhausgase.

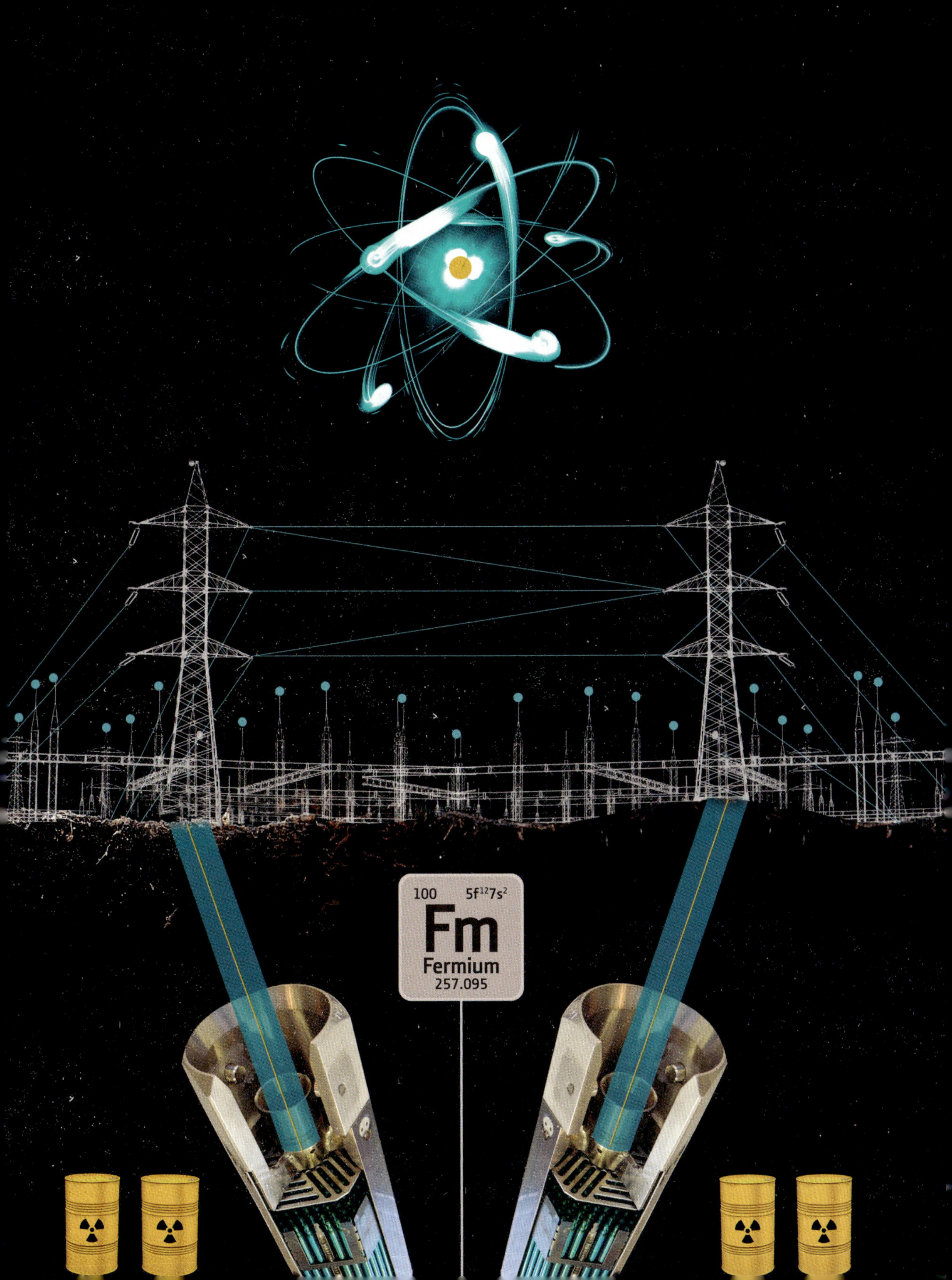
100
$5f^{12}7s^2$
Fm
Fermium
257.095

ORGANISATIONS-SICHERHEIT

30-Sekunden-Fundament

Komplexe Anlagen wie Kernkraftwerke oder Ölraffinerien funktionieren zuverlässig, doch die Auswirkungen von Unfällen sind für Mensch, Umwelt und Unternehmen oft verheerend. Es bedarf nicht allein herausragender technischer Kompetenz, um ihre Sicherheit zu gewährleisten. Untersuchungen von Katastrophen bringen nur selten neues technisches Wissen mit sich, sondern zeigen meist auf, wie und warum vorhandenes Wissen nicht zur Anwendung kam. Managementsysteme definieren Qualitätsverfahren und -normen zu Planung, Betrieb und Wartung gefährlicher Anlagen. Die Risikoanalyse sorgt für die Identifizierung von Gefahren und die Risikominderung. Eine systemübergreifende Erfassung der Faktoren, die Katastrophen verursachen können, erfordert über die technischen Aspekte hinaus die Miteinbeziehung der beteiligten Menschen und des Unternehmensumfelds. Ingenieure tragen zur Verhinderung von Katastrophen bei, indem sie »Beinaheunfälle« melden, die zu Katastrophen hätten führen können. Da sie zu den Mitarbeitern gehören, werden auch sie in ihren Entscheidungen von organisatorischen Faktoren beeinflusst. Dazu gehört, wer wem Bericht erstattet, aber auch die Key Performance Indicators (KPI) der Vorgesetzten. Außerdem prägen ethische und professionelle Werte die Praxis der Ingenieure und helfen ihnen insbesondere dabei, mit schlechten Nachrichten zu den Verantwortlichen durchzudringen, um womöglich eine Katastrophe abzuwenden.

3-SEKUNDEN-KERN

Organisationssicherheit bedeutet, dass Ingenieure soziale Faktoren mitbedenken, die die Sicherheit komplexer Anlagen beeinträchtigen. Strategien des menschlichen Verhaltens dienen dabei der Vermeidung von Katastrophen.

3-MINUTEN-EINFALL

Katastrophen treten selten ein, deshalb ist die Selbstzufriedenheit der Feind der Katastrophenvorsorge. Wer mit komplexen, riskanten Systemen zu tun hat, sollte eine gute Vorstellung von ihrer Sicherheit und den Ereignisketten haben, die eine Katastrophe verursachen könnten. Gute Ingenieure vermeiden starre Denkmuster, um alltägliche Handlungen nicht zu übersehen, die zu einer Katastrophe beitragen könnten. Sie hören den Betreibern und Instandhaltern der Anlagen zu, die frühzeitige Warnzeichen für drohende Störungen erkennen.

VERWANDTE THEMEN

KERNENERGIE
Seite 80

SICHERHEIT VON PROZESSANLAGEN
Seite 84

SCHWIMMENDE FABRIKEN
Seite 120

3-SEKUNDEN-BIOGRAFIEN

KARL E. WEICK
geb. 1936
Einer der renommiertesten Organisationsforscher, der die Organisationssicherheit prägte

JAMES REASON
geb. 1938
Bekannt für sein Schweizer-Käse-Modell zu menschlichen Fehlern als Ursache für den Zusammenbruch komplexer Systeme

JUDITH HACKITT
geb. 1954
Führend in der Entwicklung von Gesundheits-, Sicherheits- und Umweltvorschriften für die chemische Industrie und für Prozessanlagen

30-SEKUNDEN-TEXT

Jan Hayes

Zuverlässige Organisationsmodelle erhöhen die Ausfallssicherheit und damit die Sicherheit.

SICHERHEIT VON PROZESSANLAGEN

30-Sekunden-Fundament

Der Bau und Betrieb von chemischen Prozessanlagen muss sich für die Betreiber lohnen. Für die Ingenieure sind Sicherheit, Gesundheit und Umweltschutz (SGU) jedoch von größerer Bedeutung. Da Unfälle in chemischen Prozessanlagen Zehntausende Menschenleben kosten können, verlangen technische Verhaltenskodizes von den Ingenieuren, Sicherheit über Gewinn zu stellen. Regulierungsbehörden und andere staatliche Instanzen können die Abschaltung von unsicheren Anlagen anordnen und damit Gewinne infrage stellen. Ein großer Unfall zerstört oft nicht nur die betreffende Anlage, sondern kann auch Erträge und Gewinne eliminieren. Chemieingenieure streben nicht nach absoluter Sicherheit, denn sie wissen, dass jede Verbesserung Kosten verursacht. In Verordnungen wird bei der Formulierung von Mindestsicherheitsstandards meist eine Minderung des Risikos auf ein vernünftig praktikables Niveau gefordert (ALARP-Prinzip). Die Ingenieure müssen die Anlagen nicht noch sicherer machen, wenn die Kosten für die Erhöhung der Sicherheit in keinem vernünftigen Verhältnis zum erzielten Nutzen stehen. Verfahren wie die Identifikation von Risiken, die Risikoanalyse und das PAAG-Verfahren erlauben, Sicherheitsrisiken im Detail zu erfassen und eigensichere Prozessanlagen zu planen.

3-SEKUNDEN-KERN
Chemieanlagen bergen oft große Mengen an Gefahrstoffen. Deshalb ergreifen ihre Planer und Betreiber alle denkbaren Maßnahmen, damit sie keinen Schaden anrichten.

3-MINUTEN-EINFALL
Es ist zwischen Prozess- und Personensicherheit zu unterscheiden. Erstere betrifft die sichere Lagerung und Verwendung großer Mengen von Gefahrstoffen in einer Prozessanlage, Letztere den Schutz des einzelnen Mitarbeiters. Die Prozesssicherheit kontrolliert das Unfallrisiko im Zusammenhang mit brennbaren, explosiven oder toxischen Stoffen in größeren Mengen. Mangelndes Risikomanagement hat, wie 1984 in Bhopal oder 1976 in Seveso, nicht selten Katastrophen mit Tausenden Schwerverletzten oder gar Toten zur Folge.

VERWANDTE THEMEN
CHEMIEINGENIEURWESEN
Seite 76

ORGANISATIONSSICHERHEIT
Seite 82

SCHWIMMENDE FABRIKEN
Seite 120

3-SEKUNDEN-BIOGRAFIEN

ALICE HAMILTON
1869–1970
Amerikanische Ärztin und erste Dozentin in Harvard, die in den USA als führende Expertin für Bleivergiftung, Industrietoxikologie und Arbeitsschutz galt

TREVOR KLETZ
1922–2013
Britischer Chemieingenieur, der das Konzept der inhärenten Sicherheit einführte, und wichtiger Förderer von PAAG-Verfahren für ein sicheres Systemdesign

30-SEKUNDEN-TEXT
Seán Moran

Ingenieure sehen Fehler von Betreibern und Instandhaltern voraus, um Anlagen sicher planen zu können.

KUNSTSTOFFE & DÜNGEMITTEL

30-Sekunden-Fundament

Die Herstellung von Stickstoffdüngern aus in der Luft vorhandenem Stickstoff und Wasserstoff aus Öl oder Gas ist eine der großen Erfolgsgeschichten der Chemietechnik. 1909 stellte Fritz Haber im Labor Ammoniak her, den Rohstoff für Stickstoffdünger. In Zusammenarbeit mit Carl Bosch entwickelte er das industrielle Haber-Bosch-Verfahren, nach dem heute 450 Millionen Tonnen Düngemittel pro Jahr produziert werden. Diese haben im Verbund mit Insektiziden die Produktivität der Landwirtschaft vervierfacht. Der Chemiker Leo Baekeland stellte 1907 mit Bakelit den ersten vollsynthetischen Kunststoff her, der beim Erhitzen in einer Form erstarrt. Als guter Isolator hat er die Elektrotechnik verändert. Die meisten Kunststoffe sind heute thermoplastische Polymere, lange Molekülketten, die in petrochemischen Anlagen aus Öl und Erdgas hergestellt und zum Formen erwärmt oder als dünne Platten fließgepresst werden. Über die Umweltbelastung durch Düngemittel und Kunststoffe wird diskutiert. Stickstoffdünger lösen sich im Wasser auf und gelangen in Flüsse, während synthetische Kunststoffe nur langsam abgebaut werden und die Ozeane verunreinigen. Recycelter Kunststoff ist teurer in der Herstellung und von geringerer Qualität als neuer. Auch aus Abfällen hergestellter Bio-Dünger ist teurer als industriell hergestellte chemische Düngemittel. Daher können die Produktion von Bio-Düngemitteln und das Kunststoffrecycling nur mit Verordnungen und Steuern gefördert werden.

3-SEKUNDEN-KERN

Billige Kunststoffe und Düngemittel sind heute kaum mehr wegzudenken, haben aber eine unzumutbare Umweltverschmutzung verursacht. Anreize bewegen Chemieingenieure aber zur Entwicklung von Alternativen, die die Umwelt weniger belasten.

3-MINUTEN-EINFALL

Thermoplaste sind leicht, robust, billig und lassen sich leicht formen. Auf Mineraldünger kann die Nahrungsmittelproduktion noch nicht verzichten. Alternativen, die weniger Abfall und/oder Verschmutzung verursachen, sind teurer. Die Politik kann die Wirtschaftlichkeit von Kunststoffen und Düngern durch »externe Kosten« mindern und Chemieingenieure dazu anregen, nach Alternativen zu suchen. Der Staat kann die Verwendung umweltfreundlicherer Kunststoffe und Düngemittel fördern.

VERWANDTE THEMEN

CHEMIEINGENIEURWESEN
Seite 76

RESSOURCENKNAPPHEIT
Seite 142

LEBENSMITTELVERSORGUNG
Seite 144

3-SEKUNDEN-BIOGRAFIEN

DIANNE DORLAND
geb. 1948
US-amerikanische Chemieingenieurin und erste Präsidentin des *American Institute of Chemical Engineers*, geehrt für ihre Arbeit zur Reduzierung der Quecksilberbelastung bei der Papierherstellung und in der Ingenieursausbildung

ISATOU CEESAY
geb. 1972
In Gambia als »Königin des Recyclings« gefeiert, entwickelte Ceesay Programme für das Kunststoffrecycling in Frauengemeinschaften

30-SEKUNDEN-TEXT

Seán Moran

Dünger und Kunststoffe gelten zwar als Erfolgsgeschichte, gefährden aber in erheblichem Ausmaß die Umwelt.

N
H
H
H

9 Dezember 1868
Geburt von Fritz Haber in Breslau

27 August 1874
Geburt von Carl Bosch in Köln

1891
Promotion von Haber nach Studien in Heidelberg und Berlin

1892
Fortsetzung der Studien in Zürich (ETH) und Jena

1894
Assistent an der TH Karlsruhe, Forschungen zur Farbstofftechnologie und Elektrochemie sowie katalytischen Bildung von Ammoniak

1898
Promotion von Bosch in organischer Chemie an der Universität Leipzig

1899
Chemietechnologe bei BASF

1905
Grundlegendes Buch Habers zur Thermodynamik von Gasreaktionen

1906
Haber Professor

1908
Anstellung bei BASF zur Entwicklung eines kommerziellen Hochdruck-Ammoniak-Syntheseverfahrens

1909
Prüfung des Marktpotenzials durch Bosch

1914
Überwachung des Baus der ersten großen Produktionsanlage durch Bosch

1915
Giftgasproduktion für die Armee durch Haber, Weggang von BASF

1916
Steigerung der BASF-Sprengstoffproduktion von 36 000 auf 160 000 Tonnen pro Jahr bis 1918

1919
Nachträgliche Verleihung des Chemie-Nobelpreises an Haber

1925
Ernennung von Bosch zum Vorstandsvorsitzenden von I.G. Farben

1931
Chemie-Nobelpreis für Bosch zusammen mit Friedrich Bergius

1933
Wechsel von Haber nach Cambridge

29 January 1934
Tod Habers in Basel

1935
Ernennung von Bosch zum Aufsichtsratsvorsitzenden von I.G. Farben

26. April 1940
Tod Boschs in Heidelberg

FRITZ HABER & CARL BOSCH

Vor einem Jahrhundert entwickelten Fritz Haber und Carl Bosch das industrielle Verfahren zur Herstellung von Stickstoffdüngern, die heute den Großteil der weltweiten Nahrungsmittelproduktion sichern – eine Geschichte voller Triumph und Tragik.

Beide wurden in Industriellenfamilien geboren, als die Chemie als technologisches Nonplusultra galt, und studierten an technischen Universitäten. Um 1900 gelangten Chemikalien wie Farbstoffe, Nitrate und Ammoniak zu entscheidender Bedeutung für Industrie und Verteidigung. Großbritannien und Frankreich verließen sich, was die Versorgung betraf, auf Kolonien, Deutschland auf seine Chemiker.

Haber hatte als erfahrener Industriechemiker das Potenzial der Synthese von Ammoniak erkannt. Zusammen mit seinem Assistenten Robert Le Rossignol stellte er fest, dass Hitze und Druck sowie ein Katalysator Stickstoff und Wasserstoff zur Bildung von Ammoniak anregen. Nach 14 Jahren Forschung stieß Haber bei BASF auf Interesse dafür und wurde mit der Bewertung des wirtschaftlichen Potenzials beauftragt.

Mit seinem Team ermittelte Bosch in wenigen Monaten mit über 20 000 Versuchen den besten Katalysator und begann mit dem Bau einer großtechnischen Produktionsanlage. Der Kriegsausbruch 1914 stellte einen vorübergehenden Rückschlag dar. Haber sicherte sich mit der Aussicht auf kostengünstige Sprengstoffe die Unterstützung des Militärs. Während Bosch an der Produktionssteigerung arbeitete, produzierte Haber bei der Armee Giftgas. Seine Frau beging wahrscheinlich aus Protest dagegen Selbstmord. Boschs Ingenieurteam baute zwei große Fabriken zur Herstellung von Ammoniak- und Nitratsprengstoffen. 1918 hatte die Produktion ein ausreichendes Niveau erreicht, um auch Düngemittel zur Vermeidung von Hungersnöten herzustellen. Nach dem Krieg leitete Bosch die kommerzielle Forschung der BASF und war Mitbegründer der I.G. Farben.

Haber entstammte einer jüdischen Familie, konvertierte aber zum Christentum. Obwohl er sich im Ersten Weltkrieg auf deutscher Seite hervorgetan hatte, musste er sich nach der Machtergreifung in den Ruhestand versetzen lassen. Im Herbst 1933 erhielt er einen Ruf nach Cambridge und verließ Deutschland. Nur wenige Monate später starb er auf dem Weg nach Palästina, wo er ein neu gegründetes Forschungsinstitut leiten sollte. Bosch wurde als offener Kritiker der NS-Politik nach und nach von seiner Position entbunden, alkoholabhängig und starb 1940.

Haber und Bosch lieferten die Technologie, die Deutschland eine Fortsetzung des Ersten Weltkriegs um mehrere Jahre ermöglichte, zugleich aber auch die Produktion von Ammoniakdünger, der bis heute die Nahrungsmittelproduktion für die steigende Weltbevölkerung sichert. Dank des Haber-Bosch-Prozesses werden jährlich 450 Millionen Tonnen Stickstoffdünger hergestellt, der die landwirtschaftlichen Erträge auf der ganzen Welt enorm gesteigert hat.

James Trevelyan

ELEKTROTECHNIK & ELEKTRONIK

ELEKTROTECHNIK & ELEKTRONIK
GLOSSAR

Abschirmung Metallgehäuse zur Reduzierung unerwünschter Strahlungswirkungen.

Avionik Elektrische und elektronische Geräte an Bord eines Fluggerätes.

Binärsystem Dualsystem, das nur zwei verschiedene Ziffern, Einsen und Nullen, verwendet und in der Informatik verbreitet ist.

Brennstoffzelle Darin verbinden sich Gase und Flüssigkeiten unter Stromerzeugung. Das Gegenstück zum Elektrolyseur.

Chip (Elektronik) Halbleiterplättchen mit darauf angebrachtem integriertem Schaltkreis.

Cochlea-Implantat Elektronisches Gerät, das die Nerven im Ohr stimuliert, die bei gesunden Menschen auf Geräusche reagieren, und einer bestimmten Gruppe von Gehörlosen eine auditive Wahrnehmung ermöglicht.

Debugging Test von Computerprogrammen bei ihrer Erstellung, um Programmfehler zu finden und zu beseitigen.

Elektrische Leistung Strombedarf, der sich aus der Anzahl und dem Leistungsbedarf aller derzeit in einem Stromnetz angeschlossenen und eingeschalteten Geräte ergibt.

Elektromagnetische Strahlung Strahlung in Verbindung mit Wechselströmen, je nach Frequenz Radiowellen, Mikrowellen, Infrarot, sichtbares Licht, Ultraviolett, Röntgen- oder Gammastrahlen, die sich alle mit Lichtgeschwindigkeit bewegen.

Erneuerbare Energien Energie aus natürlichen Quellen wie Wind, Sonneneinstrahlung, Gezeiten, Wellen, Biomasse oder Geothermie.

Filter (Elektronik) Elektronische Schaltung oder digitale Computerprogrammroutine zur Änderung der Eigenschaften eines Signals.

Fluoreszenz Leuchtet bei Kontakt mit unsichtbarer ultravioletter Strahlung.

Fotolithografie (Halbleitertechnik) Verfahren zur Herstellung von Transistoren und anderen Elementen der integrierten Schaltung auf einem Halbleiterplättchen.

Frequency Hopping Spread Spectrum (FHSS) Frequenzspreizverfahren mit Funksendern und -empfängern, die ihre Übermittlungsfrequenz in raschen Abständen synchron ändern, um eine Abhörung stark zu erschweren. Typischerweise im militärischen Bereich verwendet.

Grundlast Strommenge, die rund um die Uhr mindestens benötigt wird, um den wechselnden Bedarf zu decken. Steigt der Strombedarf an, spricht man von Mittel- bzw. im Extremfall von Spitzenlast.

Herzschrittmacher Bei Patienten mit zu langsamen Herzschlägen verwendetes elektronisches Gerät zur Stimulation der Nerven, die die Herzmuskulatur zur Kontraktion anregen.

Inselnetz Kleines, abgegrenztes Netz von Stromverbrauchern mit lokaler Stromerzeugung, oft aus erneuerbaren Energien, die unabhängig funktionieren oder bei Bedarf Strom aus dem Hauptnetz beziehen.

Integrierter Schaltkreis Auf einem Plättchen aus Halbleitermaterial angebrachte elektronische Schaltung, mit Anschlüssen und in einem Kunststoff- oder Keramikisoliergehäuse eingeschlossen.

Komplexe Zahl Zahl mit zwei Komponenten, einer reellen und einer imaginären Einheit, die eine kompakte Darstellung periodischer Signale ermöglichen und die Analyse von Stromkreisen wesentlich erleichtern.

Lichtwellenleiter Hochreine Glasfasern zur Übertragung digitaler Signale über weite Strecken mit Lichtimpulsen. Bekannter als Glasfaserkabel.

Moore'sches Gesetz Nach Gordon Moore, dem Mitgründer von Intel, benannt, der voraussagte, dass sich die Anzahl der Transistoren integrierter Schaltkreise alle zwei Jahre verdoppeln werde, später auf achtzehn Monate reduziert.

Pumpspeicherkraftwerk Wasser wird in einen höhergelegenen Stausee gepumpt und als potenzielle Energie gespeichert, wenn überschüssiger Strom verfügbar ist, um später zur Stromerzeugung über eine Turbine geleitet zu werden und den Spitzenstrombedarf zu decken.

Radar Aussendung von hochfrequenten Funksignalen und Erfassung des Echos: Aus der Zeit, die das Signal bis zur Rückkehr benötigt, lässt sich die Entfernung des reflektierenden Objekts berechnen.

Sonar Aussendung von Hochfrequenzschall und Erfassung des Echos: Aus der Zeit, die das Signal bis zur Rückkehr benötigt, lässt sich die Entfernung zum reflektierenden Objekt berechnen.

Stromnetz Gesamtes Stromversorgungssystem einschließlich Stromerzeugungsanlagen, Transformatoren, Schaltanlagen und Stromleitungen.

Transistor Aktives Halbleiterschaltungselement, das es einem geringen Strom ermöglicht, auf einen viel stärkeren Strom in einem anderen Schaltungszweig einzuwirken. Je nach Anwendung als Schalter oder Verstärker einsetzbar.

ELEKTROTECHNIK

30-Sekunden-Fundament

Abstrakte mathematische Modelle und Physik prägen die Vorstellung der Ingenieure von der Elektrizität als unsichtbarer Fluss elektrischer Ladung durch Leiter und deren elektromagnetische Felder. Darauf aufbauend konstruieren Elektrotechniker Systeme zur Erzeugung und Übertragung von Strom, der uns mit Licht, Wärme und Energie versorgt. Und Elektroniker entwickeln drahtlose Kommunikationsmittel, Computer und Mobiltelefone. Die praktikablen Wege der Stromspeicherung beinhalten die Umwandlung in andere Energieformen und wieder zurück: chemische Energie in Batterien, Brennstoffzellen, mechanische Energie in rotierenden Maschinen und potenzielle in Pumpspeicherkraftwerken. Da all diese Methoden teuer sind und stets ein Teil der Energie verloren geht, streben die Elektroingenieure eine bedarfsgerechte Regelung der Stromerzeugung und -übertragung an. Sobald eine energiesparende Leuchte oder ein riesiger Lichtbogenofen ein- oder ausgeschaltet wird, muss ein Generator sofort entsprechend mehr oder weniger Strom liefern. Andere, meist automatische Einstellungen kompensieren die daraus resultierende Änderung des Stromflusses. Da Strom für Mensch und Tier gefährlich ist, beschäftigen sich die Elektroingenieure auch mit den damit verbundenen Sicherheitsrisiken und den automatischen Schutzvorrichtungen, die den Stromfluss bei Bedarf sofort unterbrechen.

3-SEKUNDEN-KERN
Elektroingenieure befassen sich mit der Stromerzeugung und -verteilung und stellen so unerlässliche Infrastruktur bereit. Sie gewährleisten deren Sicherheit für Mensch und Tier und bringen Angebot und Nachfrage in Einklang.

3-MINUTEN-EINFALL
Die zentralisierte Stromversorgung setzt eine starke öffentliche Kontrolle, Vertrauen und Zusammenarbeit voraus. Versorgungssicherheit, Zahlungsmoral, Sicherheit und Schutz unserer Umwelt auf einen Nenner zu bringen, war schon immer problematisch. Ingenieure untersuchen Alternativen wie intelligente Inselnetze. Das Management des Nutzerverhaltens erlangt immer größere Bedeutung: Die Vorstellung von einer ständig verfügbaren unbegrenzten Stromversorgung entspricht nicht der Wirklichkeit.

VERWANDTE THEMEN
WINDENERGIE
Seite 68

STROMERZEUGUNG
& ENERGIESPEICHER
Seite 78

3-SEKUNDEN-BIOGRAFIEN

CHARLES AUGUSTIN COULOMB
1736–1806
Untersuchte elektrostatische Aufladungen, Kräfte zwischen nahen Objekten und ähnliche Phänomene des Magnetismus

HANS CHRISTIAN ØRSTED
1777–1851
Entdeckte den Zusammenhang zwischen elektrischen Strömen und Magnetfeldern

GEORG SIMON OHM
1789–1854
Stellte fest, dass die unterschiedliche Spannung in einem Leiter proportional zur Stromstärke ist

30-SEKUNDEN-TEXT
James Trevelyan

Ingenieure machen die für das moderne Leben so wichtigen Stromnetze sicher, wirtschaftlich und zuverlässig.

ELEKTRONIK

30-Sekunden-Fundament

Mit der Erfindung der Elektronenröhren begann 1903 das Zeitalter der Elektronik. In den Sechzigerjahren traten Festkörpertransistoren an ihre Stelle, und schon bald machten integrierte Schaltkreise (ICs) schnellere, genauere und wesentlich komplexere Schaltungen. Röhren, Transistoren und ICs werden als aktive elektronische Bauelemente bezeichnet. Die an passive Bauteile wie Widerstände oder Lampen angelegte Spannung wirkt sich nur auf den Strom darin aus, die an ein aktives Element angelegte Spannung dagegen auf den Strom in einem anderen Schaltungszweig. Diese Eigenschaft steckt im Wort Transistor, einem Kofferwort aus dem englischen *trans-resistor*. Elektroniker schufen die Voraussetzungen für den Rundfunk, der im 20. Jahrhundert zu umfassenden sozialen Umwälzungen führte. Sie trugen entscheidend zur Automatisierung von Fabriken bei, erfanden Radar, Sonar, Computer, Herzschrittmacher, Cochlea-Implantate und auch elektronische Musikinstrumente. Sie haben Klangwiedergabe, Fernsehen, GPS, Mobiltelefone und das Internet perfektioniert. Die Elektronik machte Armbanduhren und analoge Kameras zu altmodischen Kuriositäten. So wie der Funkverkehr und der Rundfunk die Gesellschaft im 20. Jahrhundert veränderten, so prägen die neuesten Errungenschaften der Elektronik wie Elektrofahrzeuge, rasante und preisgünstige Computer sowie die Kommunikation zu jeder Zeit und an jedem Ort das Leben im 21. Jahrhundert.

3-SEKUNDEN-KERN

Elektroniker bauen Schaltungen, deren winzige elektrische Komponenten Töne, Bilder und andere Arten von Informationen transportieren, umwandeln und verstärken, und machen so viele andere Technologien erst möglich.

3-MINUTEN-EINFALL

Im frühen 20. Jahrhundert stellten Ingenieure fest, dass man die auf zwei italienische Mathematiker des 16. Jahrhunderts zurückgehenden komplexen Zahlen zur Darstellung elektrischer Signale verwenden kann. Komplexe Zahlen liegen der Stabilität von Schaltungen und Stromnetzen, den Breitbandtechnologien und auch der Schaltungstheorie zugrunde, ohne die moderne Radars, Ultraschall und die Analyse von Filterschaltungen undenkbar wären. Sie stellen den gemeinsamen Nenner der Elektrotechniker und Elektroniker dar.

VERWANDTE THEMEN

MECHATRONIK
Seite 62

RECHNERTECHNIK
Seite 98

SIGNALVERARBEITUNG
Seite 108

3-SEKUNDEN-BIOGRAFIEN

JAMES CLERK MAXWELL
1831–1879
Erarbeitete eine mathematische Theorie für elektromagnetische Strahlung und die Grundlagen der drahtlosen Kommunikation

WILLIAM SHOCKLEY
1910–1989
Leitete die Entwicklung des Transistors bei *Bell Labs* und wurde mit dem Nobelpreis ausgezeichnet

HEDY LAMARR
1914–2000
Half bei der Entwicklung eines militärischen Funkspreizverfahrens mit, das das Abfangen von Funksprüchen erschwert. Diese Technologie kommt auch im mobilen Breitband zum Einsatz

30-SEKUNDEN-TEXT

Jonathan Scott

Elektronische Geräte und Computer machen viele andere neue Technologien erst möglich.

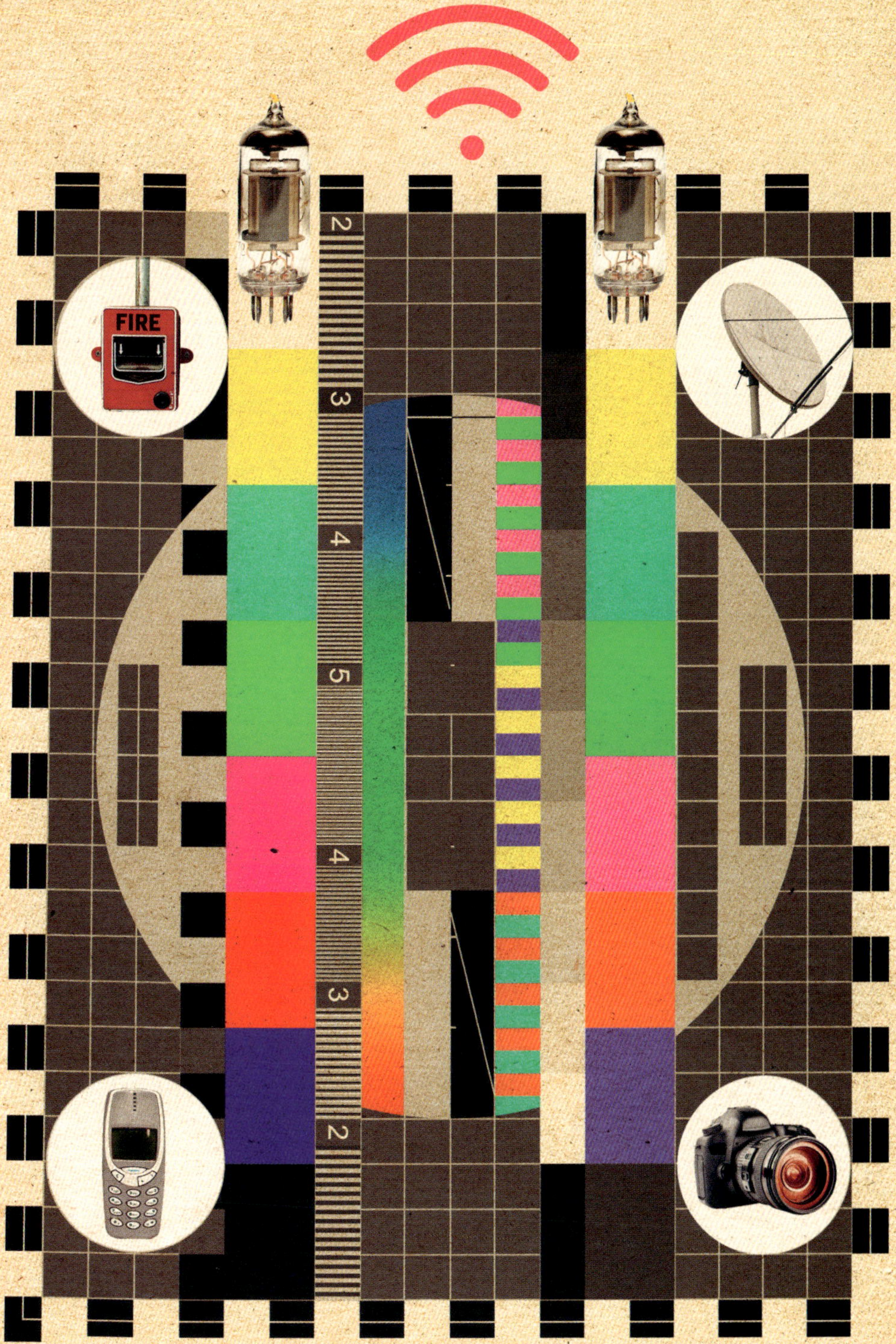
FIRE
2
3
4
5
4
3
2

RECHNERTECHNIK

30-Sekunden-Fundament

Computer und Handys enthalten kleine schwarze, bis zu zwei Zentimeter große Chips mit einem integrierten Schaltkreis (IC) aus dicht gedrängten Elementen auf einem Plättchen aus Halbleitermaterial. Bei den ersten Transistorradios steckten die Leiterplatten mit einzelnen Transistoren in winzigen Metallgehäusen mit drei Metallbeinen. Dann stellten Ingenieure fest, dass man Hunderte von Transistoren auf einem einzigen Stück Silizium unterbringen konnte, und die ersten integrierten Schaltkreise mit jeweils bis zu zehn Transistoren wurden produziert. Sie erkannten, dass sie mit den Transistoren als verlässlichen Ein/Aus-Schaltern komplexe logische Schaltungen konstruieren und so Zahlen addieren und subtrahieren konnten, die als Binärcode, das heißt Zeichenketten von Einsen und Nullen, vorlagen. Auf ICs angeordnete Transistorengruppen könnten blitzschnelle binäre Berechnungen durchführen. »Intel«, der Name eines der ersten IC-Hersteller im Silicon Valley, ist aus *Integrated electronics* (»integrierte Elektronik«) verkürzt. Informatiker entwerfen und fertigen immer schnellere Computerchips mit dichter gedrängten, kleineren Elementen. Die Herstellung von Elementen mit identischen Merkmalen in der Größe von wenigen Atomen stellt eine Herausforderung dar ebenso wie elektromagnetische Interferenzen, die bei der immer dichteren Anordnung kaum zu vermeiden sind. Um Signalstörungen zu verhindern, ist deshalb eine zusätzliche Abschirmung erforderlich.

3-SEKUNDEN-KERN
Die Rechnertechnik ermöglicht die Entwicklung und Massenproduktion äußerst komplexer elektronischer Schaltungen zur Verarbeitung von Informationen, die in Form von Binärcode wiedergegeben werden.

3-MINUTEN-EINFALL
Je kleiner die Chips, desto schneller und kostengünstiger die Schaltungen. Die Verkleinerung der Transistoren hat allerdings aufgrund der Größe der Siliziumatome ihre Grenzen. Präzise Fotolithografietechniken veränderten die Transistorproduktion. Dank der Verwendung von extremem UV-Licht sind sieben Nanometer große Bauteile möglich, und neue Halbleitermaterialien wie Silizium-Germanium, werden zur Herstellung von Transistoren verwendet. So hat die innovative Fertigung die physikalischen Grenzen der Atome des Transistors überwunden.

VERWANDTE THEMEN

ELEKTRONIK
Seite 96

SOFTWARETECHNIK
Seite 100

INFORMATIONS- & KOMMUNIKATIONSTECHNIK
Seite 106

3-SEKUNDEN-BIOGRAFIEN

JOHN VON NEUMANN
1903–1957
Leistete bedeutende Beiträge zum praktischen Design von Digitalrechnern und zur Programmentwicklung

KONRAD ZUSE
1910–1995
Baute 1941 den ersten programmierbaren digitalen Computer

ALAN TURING
1912–1954
Erarbeitete die logischen Grundlagen für programmierbare Computer und das, was heute als Software bekannt ist

30-SEKUNDEN-TEXT
Kate Disney

Heute werden Rechner mit Milliarden von Transistoren pro Chip in Serie hergestellt.

0
1
4
5
6
7
8
m
ON
OFF

SOFTWARETECHNIK

30-Sekunden-Fundament

Softwareingenieure entwickeln und pflegen Software: die Befehle und Daten, die Computer nützliche Aufgaben erfüllen lassen. Ihre vielfältigen Einsatzgebiete reichen von Videospielen bis hin zu chirurgischen Robotern. Die Ingenieure befolgen den immer gleichen Ablauf, der je nach den Auswirkungen von Programmfehlern angepasst wird. Am Anfang stehen die Anforderungen: Was soll die Software können und wie mit Menschen, Maschinen und anderen Systemen interagieren. Mit Tests stellen die Ingenieure sicher, dass die Software wie erwartet funktioniert. Mit Computermodellen der Software prognostizieren sie deren Leistung oder belegen ihre logische Folgerichtigkeit. Anschließend erörtern die Ingenieure, mit welchen Anforderungen das Schreiben der Programme in Computersprachen verbunden ist. Sie bauen Algorithmen, Methoden zur Erfüllung häufiger Aufgaben wie das Sortieren einer Namensliste in alphabetischer Reihenfolge, in die Software ein. Dank der Computersprachen können Programmierer die Befehle in von Menschen lesbarer Form schreiben. Der Computer übersetzt diese daraufhin für den Prozessor. Die meisten Programme verfügen über eine – oft grafische – Benutzerschnittstelle, die uns die Interaktion mit dem System erlaubt. Softwareingenieure verwenden Programmierwerkzeuge, die Software zum Großteil automatisch programmieren. Zum Schluss führen sie Tests durch, um Programmfehler (Bugs) zu beseitigen.

3-SEKUNDEN-KERN
Dank der von Softwareingenieuren entwickelten Programme können Computer nützliche Aufgaben erledigen. Den größten Aufwand stellt die Ausarbeitung von Tests zur Programmfehlersuche dar.

3-MINUTEN-EINFALL
Wie bei einem Gebäude werden auch bei der Softwarearchitektur für einzelne Programme oder aus mehreren separaten Programmen bestehende Komponenten oder Dienste zahlreiche Stile mit unterschiedlichen Eigenschaften unterschieden. Bei der Wahl der im jeweiligen Fall passenden Architektur sind Urteilsvermögen und Erfahrung gefragt. Ein Wechsel nach Beginn der Programmierung kann mit Schwierigkeiten verbunden sein. Die passende Architektur erleichtert es dem Programmierer, im Laufe seiner Arbeit erforderliche Änderungen vorzunehmen.

VERWANDTE THEMEN
RECHNERTECHNIK
Seite 98

INFORMATIONS- & KOMMUNIKATIONSTECHNIK
Seite 106

SELBSTFAHRENDE KRAFTFAHRZEUGE
Seite 128

3-SEKUNDEN-BIOGRAFIEN

ADA LOVELACE
1815–1852
Englischer Mathematiker, der erkannte, dass die mechanische Rechenmaschine (*analytical engine*) von Babbage über reine Rechenoperationen hinaus verwendet werden konnte, und die ersten Algorithmen veröffentlichte

EDSGER WYBE DIJKSTRA
1930–2002
Niederländischer Informatiker, der zahlreiche grundlegende Ideen der Informatik wie Compiler formalisierte; Wegbereiter der strukturierten Programmierung, der wesentlich zur Entwicklung von Programmiersprachen beitrug

30-SEKUNDEN-TEXT
Andrew McVeigh

Die Konzipierung von Tests zur Erkennung von Bugs braucht Zeit, ist aber entscheidend für die Qualität von Software.

9. Dezember 1906
Geburt in New York

1930
Studium der Physik und Mathematik am Vassar College und in Yale, Abschluss mit Auszeichnung

1931
Dozentin für Mathematik und Naturwissenschaft am Vassar College

1934
Promotion in Mathematik in Yale, lehrt weiter am Vassar College

1943
US-Marine

1944
Mitglied des Teams zur Entwicklung des Computers Mark 1 in Harvard

1949
Eckert-Mauchly Computer Corporation

1952
Entwicklung des Laders oder Linkers A-0, der als erster Compiler der Computergeschichte gilt und Standardprogrammkomponenten (Unterprogramme) automatisch zu einem Programm zusammenfasst

1954
Direktorin für Softwareentwicklung

1959–1966
Beratung von Expertengruppen zur Entwicklung von COBOL

1966
Ruhestand als Marine-Reservistin

1967
Rückruf in den Dienst bei der Navy, um ein Team zur Entwicklung von Validierungsprogrammen zu leiten

1973
Beförderung zum Kommandanten

1983
Beförderung zum Kommodore

1985
Beförderung zum Konteradmiral

1986
Entlassung in den Ruhestand bei der Marine, Ernennung zum Senior Consultant bei *Digital Equipment Corporation*

1990
Ruhestand

1. Januar 1992
Tod, begraben auf dem Nationalfriedhof Arlington

GRACE BREWSTER HOPPER

Die Sicherheit unseres Geldes

bei der Bank ist ein Abbild der Arbeit der Ingenieure unter der Leitung von Grace Hopper, die darauf bestand, dass Computer sich mit Text programmieren lassen, der natürlichen Sprachen ähnelt. Sie war maßgeblich an der Entwicklung der seit 1960 verwendeten Programmiersprache COBOL beteiligt.

Schon als Kind befriedigte Hopper ihre Begeisterung für Maschinen, indem sie Wecker auseinandernahm. Von der Leidenschaft ihrer Mutter für die Mathematik inspiriert, studierte sie dieses Fach zusammen mit Physik am Vassar College, das zur Förderung der wissenschaftlichen Bildung von Frauen gegründet worden war, und promovierte 1934 in Yale in Mathematik, während sie seit 1931 selbst am Vassar College lehrte.

Nach dem 1941 erfolgten Angriff auf Pearl Harbor war Hopper fest entschlossen, in die Fußstapfen ihres Urgroßvaters, eines Admirals der US-Marine, zu treten. Sie trat in die Marine-Reserve ein und verließ die *Northampton Midshipmen's School* als Leutnant. Man sagte ihr, sie sei untergewichtig, mit 38 Jahren zu alt und als Dozentin zu wertvoll für den Kampf. Deshalb teilte man sie dem Team an der Universität Harvard zu, das sich mit elektromechanischen Computern unter Verwendung von Relais und elektromechanischen Zählern beschäftigte – bis in die Siebzigerjahre übliche Komponenten von Telefonzentralen.

1946 beantragte Hopper den Eintritt in den aktiven Dienst bei der Marine, wurde aber erneut abgelehnt. So schloss sie sich dem Team beim Privatunternehmen *Eckert-Mauchly* an, das den weltweit ersten elektronischen Computer ENIAC entwickelte, blieb aber auch Navy-Reservistin.

Hopper erfasste, wie schwer die Computer-Programmierung zu erlernen war, da diese mathematische Kenntnisse und solche über elektronische Schaltungen voraussetzte, um Befehle in eine Folge von Einsen und Nullen zu übersetzen. Sie zeigte einen viel einfacheren Weg auf: die Verwendung von verständlichen Befehlen wie ADD, SUBTRACT, REPEAT oder INDEX. Die Standardisierung neuer Computersprachen, bei der Benutzer- und kommerzielle Interessen in Einklang gebracht werden sollten, war von entscheidender Bedeutung.

1959–1966 beriet Hopper staatliche und privatwirtschaftliche Experten bei der Entwicklung der Programmiersprache COBOL, die zu Beginn der Neunzigerjahre in schätzungsweise 80 Prozent der Software zum Einsatz kam. 1966 versetzte die Marine Hopper in den Ruhestand, ernannte sie aber schon ein Jahr später zur Leiterin eines Teams zur Entwicklung von Validierungsprogrammen. So sollte sichergestellt werden, dass COBOL auf verschiedenen Computern und Betriebssystemen die gleichen Ergebnisse liefert. Statt sechs Monaten dauerte die Anstellung zwanzig Jahre.

Hoppers Ideen wurden für spätere Programmiersprachen übernommen. Sie war eine leidenschaftliche Anhängerin des Gebrauchs von Computern und der US-Marine und hielt bis zu ihrem Tod 1992 jedes Jahr Hunderte von Vorträgen.

James Trevelyan

NANOTECHNOLOGIE

30-Sekunden-Fundament

Nanotechnologen arbeiten mit winzigen Gebilden im Nanometer- bis Mikrometerbereich. Ein menschliches Haar hat einen Durchmesser von etwa 90 Mikro- oder 90 000 Nanometern. Die elektrostatischen Kräfte sind in diesem Größenbereich weitaus größer als die Gravitation und andere Kräfte, die wir spüren. Ein Anwendungsgebiet ist die Krebsdiagnose, die heute auf Biopsie und teuren Scannern beruht. Einige Krebszellen lösen sich von Tumoren ab und zirkulieren im Blut. Dabei lädt sich ihre Oberfläche elektrostatisch negativ auf. Um dies auszunutzen, erzeugten Ingenieure aus magnetischem Eisenoxid positiv geladene, fluoreszierende Nanoteilchen in Molekülgröße (50–100 Nanometer) – viel kleiner als die 20–30 Mikrometer großen Krebszellen. Diese Teilchen erfahren eine elektrostatische Anziehung durch die Tumorzellen in einer Blutprobe. Anschließend lassen sich die befallenen Zellen mit einem Magneten aussondern und identifizieren, denn die Nanoteilchen fluoreszieren im UV-Licht. Nanotechnologen stellen auch neue Materialien mit besonderen Eigenschaften her. So können uns beispielsweise dünne Schichten aus Nanoteilchen vor Sonnenbrand und Hautkrebs schützen. Durch Kombination von IC-Herstellungsverfahren und Elektroätzen sind Ingenieure imstande, winzige Beschleunigungs- oder Trägheitssensoren für die Automobilindustrie kostengünstig in Serie zu produzieren.

3-SEKUNDEN-KERN

Die Nanotechnologie ermöglicht Ingenieuren die Herstellung winzigster Gebilde, die manchmal nur aus wenigen Atomen bestehen. Das Ergebnis sind verbesserte medizinische Diagnosemethoden und neue Materialien.

3-MINUTEN-EINFALL

Nanotechnologen können ihre Kreationen oft nur mit großem Aufwand sehen. Elektronenmikroskope lösen Objekte bis zu einer Größe von 0,1 Nanometern auf. Einzelne Atome machen aber nur Rasterkraftmikroskope sichtbar. Dabei bewegt sich eine Messnadel mit nur einem Atom an der Spitze über eine Probe, und Sensoren erfassen selbst Kräfte, die von einzelnen Atomen ausgehen. Bei einer so hohen Auflösung kann die Suche nach der optimalen Stelle für den Beginn der Suche schwerfallen.

VERWANDTE THEMEN

ELEKTRONIK
Seite 96

RECHNERTECHNIK
Seite 98

MEDIZINTECHNIK
Seite 110

3-SEKUNDEN-BIOGRAFIEN

NIELS BOHR
1885–1962
Vermittelte ein grundlegendes Verständnis der Struktur von Atomen und Molekülen

MAX KNOLL
1897–1969
Zeigte auf, dass ein Rasterelektronenstrahl ein Bild von einem Objekt im Vakuum erzeugen kann

MANFRED VON ARDENNE
1907–1997
Führte das erste hochauflösende Elektronenmikroskop und viele andere Erfindungen vor

30-SEKUNDEN-TEXT

Donglu Shi

Mithilfe von Nanoteilchen können Tumorzellen im Blutkreislauf nachgewiesen werden.

INFORMATIONS- & KOMMUNIKATIONS-TECHNIK

30-Sekunden-Fundament

Die Informations- und Kommunikationstechnik (IKT) ermöglicht die schnelle Verarbeitung und Übermittlung von Daten und deren zuverlässige Speicherung. In den letzten Jahrzehnten entstanden Datennetzwerke, die Endgeräte wie Computer, Handys, Satelliten, Sensoren und Controller über Glasfasern, Unterwasserkabel und Funkwellen verbinden. IK-Techniker sorgen dafür, dass sie die Daten möglichst intakt und zugleich kostengünstig transportieren. Informationen aus Natur und Gesellschaftswelt, die als Daten, Texte, Klänge und Bilder vorliegen, werden digitalisiert, sodass Computer sie speichern und verarbeiten können. Die Ingenieure greifen auf das Nyquist-Shannon-Abtasttheorem (WKS-Abtasttheorem) zurück, um sicherzustellen, dass beim Umwandlungsprozess keine Informationen verloren gehen. Das globale Informationsnetz ist das Internet, das Milliarden von Nutzern auf der ganzen Welt verbindet. Das *Transmission Control Protocol* und das *Internet Protocol* (TCP/IP) regeln die Art und Weise, wie Computer Daten versenden und den Erhalt bestätigen. Dank der digitalen Signalverarbeitung (DSP) können die IK-Techniker Daten verbessern, schützen, verschlüsseln oder komprimieren. Ein Beispiel ist das Herausfiltern von unerwünschten Hintergrundgeräuschen aus Klängen.

3-SEKUNDEN-KERN
IK-Techniker entwickeln Systeme, mit denen Informationen nahezu sofort gespeichert und übertragen werden können. Spezielle Techniken helfen ihnen bei der Kostenoptimierung.

3-MINUTEN-EINFALL
Als Plattform mit Dienstleistungen wie E-Mail, Digitale Bibliothek, E-Learning, Online-Community, E-Commerce, E-Banking und vielen mehr hat das Internet eine gewaltige Datenmenge angesammelt und gespeichert, die täglich zunimmt. Ingenieure haben Technologien zum Durchsuchen, Indizieren, Analysieren und Klassifizieren dieser Daten entwickelt, damit wir sie nutzen können. Dieses massenhafte Datensammeln wirft jedoch grundlegende ethische Fragen auf: Wir wissen beispielsweise nicht immer, welche Informationen über uns gespeichert werden.

VERWANDTE THEMEN

RECHNERTECHNIK
Seite 98

SOFTWARETECHNIK
Seite 100

SIGNALVERARBEITUNG
Seite 108

3-SEKUNDEN-BIOGRAFIEN

ALEXANDER GRAHAM BELL
1847–1922
Erfinder des Telefons und Gründer der US-Telefongesellschaft Bell, heute AT&T

GUGLIELMO MARCONI
1874–1937
Ließ 1896 einen Apparat für die Übertragung von elektrischen Impulsen patentieren und etablierte nach 1900 die erste transatlantische Funkverbindung

CHEN ZUONING
geb. 1957
Leitete die Entwicklung der chinesischen Supercomputer, der schnellsten der Welt

30-SEKUNDEN-TEXT
Gong Ke

Der Einfluss von IKT ist mittlerweile so groß, dass wir im »Informationszeitalter« leben.

SIGNAL-VERARBEITUNG

30-Sekunden-Fundament

Kameras und Laserradar versorgen das selbstfahrende Kraftfahrzeug mit Daten, um die eigene Position festzustellen und Autos, Fußgänger, Fahrräder und andere potenzielle Hindernisse in der Nähe im Auge zu behalten. Jede Sekunde analysieren Computer 25-mal Gigabytes von Bildern und Radardaten und extrahieren daraus vielleicht 1000 Byte an nützlichen Informationen. Winzige Computer in Noice-Cancelling-Kopfhörern unterdrücken den Alltagslärm, sodass wir selbst in lauten Flugzeugkabinen, Fabriken und Büros Musik genießen können. Hörgeräte verstärken erwünschte Geräusche mit ähnlichen Methoden. Kameras wandeln mithilfe der Signalverarbeitung die riesigen Datenmengen von Bildsensoren in komprimierte Bilder und Videos um und ermöglichen die kostengünstige Verbreitung von Filmen und anderer Unterhaltung über das Internet. Das Fernsehen nutzt die Signalverarbeitung, um die Qualität komprimierter Bilder zu verbessern, damit sie auch auf preiswerten Bildschirmen bestmöglich dargestellt werden. Ingenieure erstellen mathematische Modelle vom Verhalten der relevanten Signale, die nicht selten in Gigabytes von Daten voller Rauschen und anderer unerheblicher Informationen versteckt sind. Anschließend konstruieren sie Filteralgorithmen zur Trennung der relevanten Signale von den unerheblichen Daten. Dabei greifen sie oft auf Software zurück, die die Algorithmen automatisch entwickelt.

3-SEKUNDEN-KERN
Mit Signalverarbeitungsverfahren trennen Ingenieure nützliche von unerheblichen Informationen und Rauschen. So können Filme, Bilder und Töne kostengünstig übertragen werden.

3-MINUTEN-EINFALL
Kotelnikow, Whittaker, Nyquist und Shannon stellten fest, dass man ein variables Signal mit der doppelten Frequenz der am schnellsten variierenden Komponente abtasten und aus den gewonnenen Werten ohne Informationsverlust rekonstruieren kann. Da das menschliche Gehör Geräusche nur bis zu einer Frequenz von 20 000 Hertz wahrnimmt, reicht ein Abtasten mit 40 000 Hertz für ein originalgetreues Audiosignal aus. Dieses Abtasttheorem legte den Grundstein für die digitale Signalverarbeitung und ermöglichte die weltweite Telekommunikation.

VERWANDTE THEMEN
ELEKTRONIK
Seite 96

RECHNERTECHNIK
Seite 98

INFORMATIONS- & KOMMUNIKATIONSTECHNIK
Seite 106

3-SEKUNDEN-BIOGRAFIEN

HARRY NYQUIST
1889–1976
Identifizierte das Kriterium der Stabilität für rückgekoppelte Verstärker und legte den Grundstein für Shannons Informationstheorie

WLADIMIR KOTELNIKOW
1908–2005
Formulierte das Nyquist-Shannon- oder WKS-Abtasttheorem

CLAUDE ELWOOD SHANNON
1916–2001
Trug Entscheidendes zur Informationstheorie, zur Theorie digitaler Schaltkreise und zur Kryptoanalyse bei

30-SEKUNDEN-TEXT
James Trevelyan

Die meisten elektronischen Klänge, Videos und Bilder beruhen auf der Signalverarbeitung in kleinen Computern.

MEDIZINTECHNIK

30-Sekunden-Fundament

Die interdisziplinär arbeitende Medizintechnik hat seit den Fünfzigerjahren neuartige technische Lösungen für Medizin und Biologie entwickelt und ist heute einer der am schnellsten wachsenden Technologiebereiche. Erfindungen im Rahmen der Physik revolutionierten die Medizin: 1851 das Ophthalmoskop von Hermann von Helmholtz, 1895 die Röntgenbilder von Wilhelm Röntgen, 1903 das Elektrokardiogramm von Willem Einthoven sowie 1931 das Elektronenmikroskop von Ernst Ruska und Max Knoll. Die Anstrengungen von Ingenieuren ermöglichten die Ausstattung von Krankenhäusern mit sicheren, erschwinglichen und zuverlässigen Geräten, die uns heute selbstverständlich erscheint. Dazu mussten sie nicht nur über Kenntnisse in Elektronik, Optik und Maschinenbau, sondern auch in Biologie und Medizin verfügen. Dank neuer, leichter, korrosionsbeständiger Materialien wie Titan konnten sie aufwendigere, langlebigere und komfortablere prothetische Geräte entwickeln. In den Siebzigerjahren kamen bei der Bildgebung Computertomografie, Sonografie (Ultraschall) und Magnetresonanztomografie (MRT) hinzu. Der Miniaturisierung der Elektronik verdanken wir Cochlea-Implantate, die das Gehör teilweise wiederherstellen. Neue Materialien, Nanotechnologie und 3-D-Druck haben neuartige Verfahren zur Reparatur von Körpergewebe wie Knorpel, Knochen, Leber, Nieren, Skelettmuskulatur, Blutgefäßen und sogar Nerven hervorgebracht.

3-SEKUNDEN-KERN

Die Medizintechnik ist als einer der am schnellsten wachsenden Tech-Bereiche maßgeblich für die Verbesserung der medizinischen Diagnostik und Behandlung durch das Fachpersonal verantwortlich.

3-MINUTEN-EINFALL

Die Zertifizierung von Medizinprodukten, Instrumenten und Implantaten ist mit strengen Anforderungen verbunden. Normen für die Geräteausstattung von Krankenhäusern stellen sicher, dass Instrumente genaue Informationen liefern und sicher funktionieren. Die RoHS- und andere EU-Richtlinien regeln die Verwendung von Gefahrstoffen wie radioaktiven Isotopen. Die hohen Kosten von Medizinprodukten reflektieren den Arbeitsaufwand der Ingenieure, um ihren sicheren Einsatz zu belegen.

VERWANDTE THEMEN

WERKSTOFFTECHNIK
Seite 60

ELEKTRONIK
Seite 96

NANOTECHNOLOGIE
Seite 104

3-SEKUNDEN-BIOGRAFIEN

WILHELM RÖNTGEN
1845–1923
Deutscher Maschinenbauingenieur und Physiker, der die Röntgenstrahlung entdeckte und die Röntgenaufnahme erfand, sodass Ärzte erstmals einen Blick ins Innere lebender Menschen werfen konnten

WILLEM EINTHOVEN
1889–1976
Aus Indonesien stammender niederländischer Mediziner, der das EKG erfand, indem er die winzigen elektrischen Signale eines schlagenden Herzen maß

30-SEKUNDEN-TEXT

Hung Nguyen

Medizintechniker haben neue Instrumente, Implantate und Verfahren zur Gewebereparatur entwickelt.

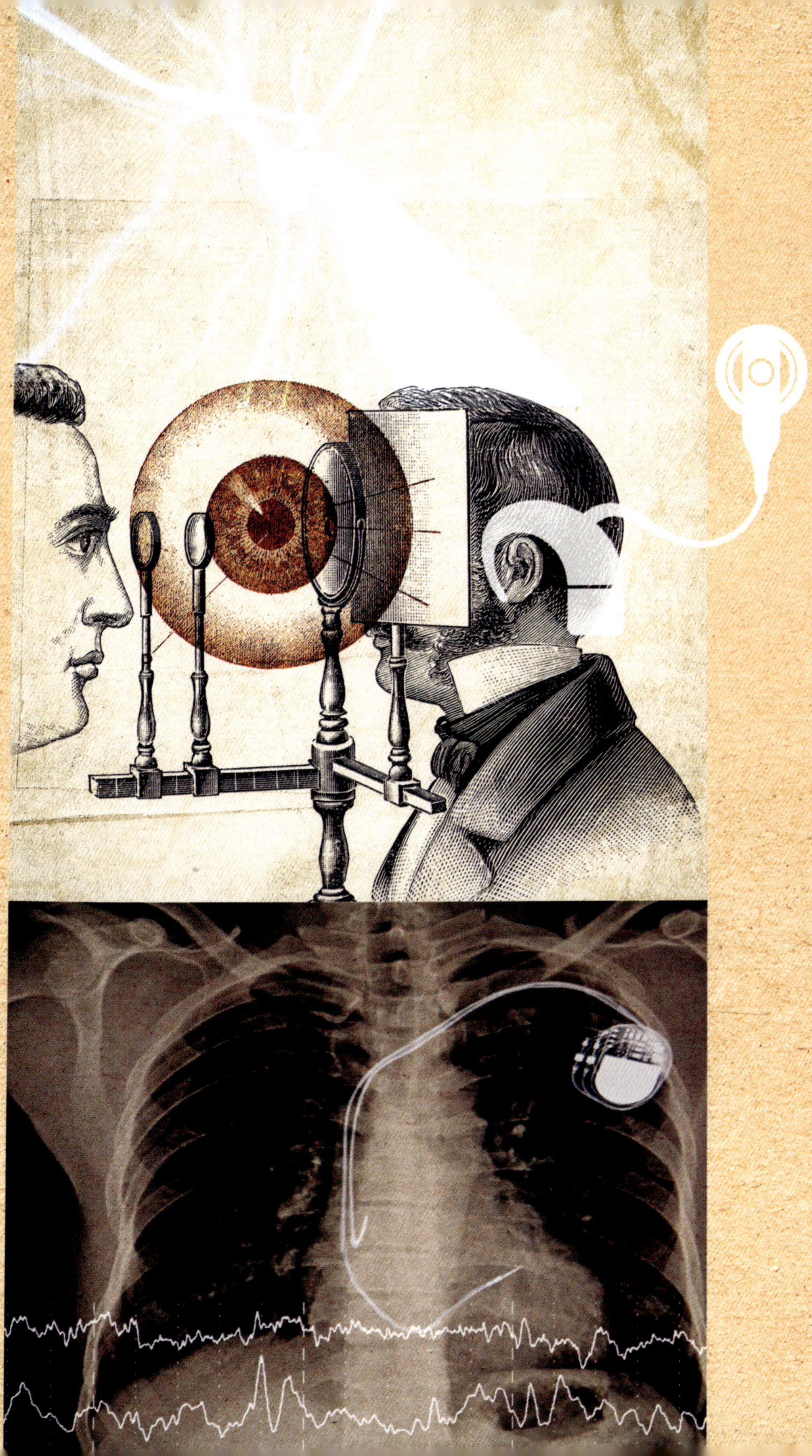

LUFT- UND RAUMFAHRTTECHNIK & VERKEHRSINGENIEURWESEN

LUFT- UND RAUMFAHRTTECHNIK & VERKEHRSINGENIEURWESEN

GLOSSAR

Aerodynamik Beschreibt das Verhalten von Flugzeugen und anderen Körpern in der Luft, insbesondere die Kräfte, die sich aus der Luftströmung ergeben.

Bucket-Fundament Gründungsart, bestehend aus einem nach unten geöffneten großen Stahlzylinder, der auf den Meeresboden gesetzt und ausgepumpt wird. Die Last des Wassers presst das Fundament in den Meeresboden oder ins Flussbett.

Delamination Ablösen von Schichten in Verbundwerkstoffen.

Höhenruder Kleine bewegliche horizontale Fläche im rückwärtigen Bereich der Leitwerksflosse eines Flugzeugs, die einen veränderlichen Auftrieb erzeugt, mit dessen Hilfe der Winkel des Flugzeugs in Bezug auf den Luftstrom eingestellt und damit die Auftriebskraft der Flügel gesteuert werden kann.

Keramik Harte, meist spröde, nicht metallische Werkstoffe, die zum Einsatz kommen, wenn die daraus produzierten Teile hohen Temperaturen standhalten müssen oder eine herausragende Isolierung erforderlich ist.

Kohlenstofffaser (Kohlefaser) Äußerst belastbare Faser aus reinem Kohlenstoff, die unter anderem zur Verstärkung von Polymeren in sehr steifen, strapazierfähigen Flugzeugteilen verwendet wird.

Kriechen (Werkstoffe) Langsame plastische Verformung unter Belastung, zum Beispiel von Metalllegierungen in Flugzeugtriebwerken bei hohen Temperaturen.

Lager Maschinenelemente, die dazu dienen, dass andere Elemente sich mit minimaler Reibung drehen oder gleiten können. Es gibt etliche Typen, darunter Kugel- oder Wälzlager.

Magnetische Levitation Hebung (Levitation) durch magnetische Kräfte. In der Regel sind aktive elektronische Steuerungen erforderlich, um einen stabilen Betrieb zu gewährleisten.

Maschinelles Lernen Computerprogramm, das mit zunehmender gesammelter Datenmenge über Verhalten und Leistung in der Vergangenheit immer besser wird.

Materialermüdung Fortschreitendes Versagen von Metallkomponenten, die einer zyklischen Belastung ausgesetzt sind wie Flugzeugflügel. Die Ingenieure müssen eine geringere maximale Belastung einplanen, um Ermüdungsbrüche zu vermeiden.

Modell Meist in einem Computerprogramm enthaltene mathematische Gleichungen, mit denen Ingenieure das Verhalten eines technischen Systems vorhersagen. Daneben verwenden sie auch physikalische, oft maßstabgetreue Modelle.

Querruder Kleine, bewegliche Klappen in der Nähe der äußeren Enden der Tragflächen, mit denen sich der Roll- oder Querneigungswinkel einstellen und das Flugzeug stabilisieren lässt. Bei den Schiffen dämpfen Schiffsstabilisatoren wie Schlingerkiel und Flossenstabilisatoren, die aus dem Rumpf herausragen, die Rollbewegung auf ähnliche Weise.

Schub Antriebskraft von Flugzeugtriebwerken, Raketenmotoren und Propellern auf Schiffen.

Schwappen Tendenz zur Bildung großer Wellen in Flüssigkeiten, die in beweglichen Tanks gelagert werden. Dabei entstehen große Aufprallkräfte, die Fahrzeuge oder Schiffe destabilisieren können.

Turbulente Strömung Unregelmäßige Strömung von Fluiden mit Wirbeln, die sich unvorhersehbar in kurzen Abständen ändert, typisch für Flüssigkeiten in schneller Bewegung.

Verbundwerkstoff Materialgemisch aus zwei oder mehr Stoffen mit komplementären Eigenschaften. Stahlbeton besteht beispielsweise aus Beton und Bewehrungsstahl. Der spröde Beton hält im Verbund mit Stahl Zugbelastungen stand.

Verlässlichkeit Bei reparierbaren Geräten oder Anlagen ist die Mittlere Betriebsdauer *(Mean Time Between Failures*, MTBF) zwischen Ausfällen ein Maß für ihre Verlässlichkeit.

BAHN-INGENIEURWESEN

30-Sekunden-Fundament

Häufig besteht die Aufgabe eines Ingenieurs darin, vorhandene Technologien zu verbessern. Die Eisenbahn bewegt schwere Güter und Menschen schnell und mit weniger Energieaufwand als Straßenfahrzeuge über lange Strecken. Die Trassenführung ist entscheidend für die von der Lokomotive aufzubringende Zugkraft. Der Rollwiderstand nimmt proportional zur Steigung und in Kurven zu. Ingenieure verbessern eine Strecke durch Neuführung: Anstelle kurvenreicher Abfahrten oder Berg- und Talfahrten halten hohe Brücken, Viadukte und Tunnel die Bahn auf einer ebenen Trasse, und auch weitere Kurven reduzieren den Rollwiderstand. Viadukte, Tunnel und zahlreiche andere Verbesserungen sind zwar teuer, ermöglichen es aber kleineren Lokomotiven, schwerere Züge schneller auf direkteren Strecken zu bewegen. Außerdem tragen reibungsarme Lager an Lokomotiven und Waggons zur Verminderung des Rollwiderstands bei, ebenso wie eine feste Fahrbahn aus Beton oder Asphalt. Hochgeschwindigkeitsnetze für den Personenverkehr in Japan, Frankreich, Deutschland und China belegen den Wert dieser Verbesserungen. Dabei wurden und werden ältere Eisenbahnstrecken oft durch völlig neue ersetzt, um den Rollwiderstand zu minimieren, sodass die Züge mit Geschwindigkeiten von 300 Stundenkilometern und mehr verkehren können. Damit wird die Bahn zum Konkurrenten der Fluggesellschaften.

3-SEKUNDEN-KERN

Da die Gleise einen sehr geringen Rollwiderstand aufweisen, kann die Bahn Waren und Personen schnell über weite Strecken bewegen. Hochgeschwindigkeitszüge bringen uns schneller von Stadt zu Stadt als Flugzeuge.

3-MINUTEN-EINFALL

Die Eisenbahn diente zuerst dem Transport schwerer Lasten im Bergbau. George und Robert Stephenson nutzten im 19. Jahrhundert das Konzept für den Transport von Menschen und Gütern zwischen englischen Städten. Schon bald entstanden Bahnnetze überall auf der Welt. In Europa legte man die Trassen von Anfang an auf einen geringen Rollwiderstand aus. In den USA waren die Entfernungen länger, und die Kapitalbeschaffung gestaltete sich schwieriger. Die Trassen wurden später verbessert, soweit es die Einnahmen gestatteten.

VERWANDTE THEMEN

BAUINGENIEURWESEN
Seite 34

GEOTECHNIK
Seite 40

MASCHINENBAU
Seite 56

3-SEKUNDEN-BIOGRAFIEN

GEORGE STEPHENSON
1781–1848
Britischer Bauingenieur, der als »Vater der Eisenbahn« gilt und die die erste regelmäßige Personenverkehrsverbindung mit Dampfzügen zwischen Liverpool und Manchester einrichtete

ROBERT STEPHENSON
1803–1859
Britischer Bauingenieur, Sohn von George Stephenson und Pionier des Lokomotiv-, Eisenbahn- und Brückenbaus

30-SEKUNDEN-TEXT

John Blake

Eisenbahntrassen werden so gerade und eben wie möglich verlegt, um hohe Geschwindigkeiten bei minimalem Energieaufwand zu ermöglichen.

1972
Geburt in der Provinz Jilin, China

1991
Studium an der der Shanghai Railway University (heute Tongji-Universität)

1995
Abschluss in elektrischer Antriebs- und Steuerungstechnik. Anstellung bei CRRC Qingdao Sifang

2006
Chefkonstrukteur für Züge, die mit 300 Stundenkilometern fahren

2008
Direktor der Entwicklungsabteilung des ersten in China entworfenen Hochgeschwindigkeitszugs CRH380A

2010
Ein CRH380A-Prototyp erreicht eine Geschwindigkeit von 486,1 km/h – bis heute Rekord für Serienfahrzeuge

2012
Stellvertretender Geschäftsführer und Chefingenieur von CRRC Qingdao Sifang

2013
Beginn der Entwicklung des CR400AF mit der Optimierung des elektrischen Antriebs des Zugs. Zu den weiteren Zielen zählen Energieeffizienz, Sicherheit und Lärmreduzierung

2015
Leitet die Entwicklung des CRH2G für den Verkehr bei niedrigen Temperaturen und in sandigen Wüstenregionen

2017
CR400AF nimmt den kommerziellen Betrieb auf

LIANG JIANYING

Züge standen schon in Liang Jianyings Kindheit im Mittelpunkt des Lebens, denn sie wuchs in der Nähe des örtlichen Bahnhofs in einer Kleinstadt der mineralreichen nordostchinesischen Provinz Jilin auf. Liang beobachtete liebend gern vorbeifahrende Züge und bewunderte ihre Konstrukteure. Ihre Liebe zur Eisenbahn wurde auf die Probe gestellt, als sie 1992 über 50 Stunden brauchte, um von Shanghai, wo sie studierte, reisekrank in einem Waggon voller Leute, von denen viele auf dem Boden saßen, zum Frühlingsfest nach Hause zu gelangen. Liang beschloss, ihr Bestes zu tun, damit ihren Mitbürgern und ihr die Freude an fröhlichen Festen in Zukunft nicht mehr verdorben würde. Nach dem Abschluss in elektrischer Antriebs- und Steuerungstechnik an der Shanghai Railway University im Jahr 1995 kam sie zu *Qingdao Sifang*, einem der führenden chinesischen Eisenbahnunternehmen.

2004 bauten die Konstrukteure von *Qingdao Sifang* den ersten 200 Stundenkilometer schnellen Zug Chinas mit fortgeschrittener Technologie aus anderen Ländern. 2006 leitete Liang bereits die Entwicklung von Zügen, die mit 300 Stundenkilometern verkehrten. Dank ihrer Entschlossenheit vermochte sie die viele Arbeit zu meistern, indem sie, während ihre Tochter schlief, ihre Zeit im Unternehmen verbrachte. Nach wie vor bildete importierte Technologie den Kern der chinesischen Zugkonstruktionen, aber Liangs Team war zur Entwicklung eigener Zugdesigns entschlossen.

Ab 2008 leitete Liang die Konstruktion des ersten vollständig im Land entwickelten Hochgeschwindigkeitszugs CRH380A, der mit 486,1 Stundenkilometern den bis heute geltenden Geschwindigkeitsweltrekord für einen serienmäßigen Zug auf Schienen aufstellte. Darauf aufbauend begann ihr Team mit der Konstruktion des noch schnelleren CR400AF, der den Export von Chinas Hochgeschwindigkeitsbahntechnologie ankurbeln sollte. Der Zug mit einer Betriebsgeschwindigkeit von 350 Stundenkilometern wurde bei Geschwindigkeiten von bis zu 420 Stundenkilometern getestet. Nach Testfahrten über eine Gesamtlänge von mehr als 600 000 Kilometern wurde die Zugreihe 2017 in Betrieb genommen.

Zur Zeit visiert Liang noch höhere Geschwindigkeiten an. Mithilfe der Magnetschwebetechnik sollen 600 Stundenkilometer erreicht werden. Auf die Frage nach ihren bisher größten Erfolgen verweist sie auf den Geschwindigkeitsrekord des CRH380A sowie den Rekord eines CR400AF- und eines CR400BF-Zuges, die sich im Juli 2016 mit 420 Stundenkilometern sicher kreuzten. Außerdem ist sie stolz auf die von ihrem Team erreichte Energieeffizienz von weniger als vier Kilowattstunden pro Passagier und 100 Kilometern Fahrt.

Zhigang Ji & James Trevelyan

SCHWIMMENDE FABRIKEN

30-Sekunden-Fundament

Immer mehr Mineralien, Öl und Gas kommen aus dem Meer. Um sie zu gewinnen, werden riesige Offshore-Raffinerien gebaut, was neue Technologien erfordert. Die riesige FLNG-Anlage (*Floating Liquefied Natural Gas*) *Prelude* von Shell offenbart einige dieser Herausforderungen. Mit einer Länge von fast 500 Metern zählt sie zu den größten schwimmenden Bauwerken der Welt und soll Stürmen der Kategorie fünf mit Windgeschwindigkeiten bis zu 400 Stundenkilometern standhalten. In 200 Kilometern Entfernung vom Festland soll das Fabrikschiff 25 Jahre lang in Betrieb sein, bevor es zur Überholung in ein Trockendock zurückkehrt. Als weitere Herausforderungen gelten Platzmangel und Bewegung. Die Ingenieure mussten die gesamte Produktionsanlage so auslegen, dass sie auf einem schwankenden Schiff mit einem Viertel der Größe einer gleichwertigen Anlage an Land sicher und zuverlässig arbeitet. Das verflüssigte Gas wird in riesigen isolierten Tanks gelagert, um ein Schwappen zu verhindern, das das Schiff destabilisieren könnte. Dank spezieller Gelenkarme kann das Flüssiggas mit einer Temperatur von –160° C auch bei rauer See sicher auf Tanker entladen werden. Eine weltweite Zusammenarbeit mit Tausenden von Ingenieuren war erforderlich, um die einzelnen Komponenten der FLNG-Anlage nach höchsten Qualitäts- und Zuverlässigkeitsstandards zu entwerfen und zu bauen und sie alle im koreanischen Geoje zu montieren.

3-SEKUNDEN-KERN

Schwimmende Fabrikanlagen ermöglichen es, die Ressourcen der See weit draußen zu gewinnen. Stürme, Schiffsbewegungen und die Sicherheit stellen besondere technische Herausforderungen dar.

3-MINUTEN-EINFALL

Gerade bei FLNG ist die Sicherheit der Menschen, aber auch die Nichtgefährdung der Meeresumwelt und des Firmenrufs von zentraler Bedeutung. Die Gefährdung der Produktionssicherheit führt nicht selten zu Katastrophen, die selbst multinationale Unternehmen in die Knie zwingen können. Brände oder Explosionen müssen ohne jede Unterstützung vom fernen Festland verhindert oder eingedämmt und gelöscht werden. Von Anfang an hat die Sicherheit höchste Priorität, und nicht einmal bei der Lackierung werden selbst kleine Mängel in Kauf genommen.

VERWANDTE THEMEN

CHEMIEINGENIEURWESEN
Seite 76

ORGANISATIONSSICHERHEIT
Seite 82

SICHERHEIT VON PROZESSANLAGEN
Seite 84

3-SEKUNDEN-BIOGRAFIEN

ZHENG HE
1371–1433 oder 1435
General, Pionier der Fernschifffahrt und Gründer von Handelskolonien in mehreren Häfen am Indischen Ozean

ISAMBARD KINGDOM BRUNEL
1806–1859
Baute große dampfbetriebene Schiffe aus Metall, Eisenbahnen und spektakuläre Brücken

ROBERT BEA
geb. 1937
Untersuchte große Offshore-Katastrophen und leitete die Entwicklung von deutlich sichereren schwimmenden Gebilden

30-SEKUNDEN-TEXT

James Trevelyan

Riesige Fabrikschiffe werden Mineralien und Lebensmittel aus den Ozeanen gewinnen und verarbeiten.

GRUNDLAGEN DER AERODYNAMIK

30-Sekunden-Fundament

3-SEKUNDEN-KERN
Aerodynamische Gesetzmäßigkeiten zum Luftstrom und den daraus resultierenden Kräften leiten Ingenieure bei der Konstruktion von Flugzeugen, Autos, Schiffen und Zügen. Sie erklären auch, wie Vögel und Insekten fliegen.

3-MINUTEN-EINFALL
Flugzeuge fliegen, weil die Luft, die über und unter den Flügeln vorbeiströmt, Auftrieb erzeugt. Die Geschwindigkeit des Luftstroms ist über den Flügeln höher und somit der Druck geringer: eine Aufwärtskraft entsteht. Die Vorwärtsbewegung resultiert aus dem Triebwerksschub bzw. bei Vögeln aus den Flügelbewegungen. Für einen stabilen Flug muss die Ausrichtung in Bezug auf den Luftstrom stets stimmen. Heute unterstützen Computer die Piloten beim Steuern und erhöhen Sicherheit und Zuverlässigkeit.

Am Anfang der Aerodynamik

stand 1485 Leonardo da Vincis »Ornithopter«. Der erste Dauerflug von Maschinen, die schwerer als Luft sind, gelang jedoch erst 1903 den Gebrüdern Wright in der Nähe von Kitty Hawk in North Carolina. Die Aerodynamik erklärt die Strömung von Fluiden wie Luft um sich bewegende Objekte wie Flugzeuge, Sattelzüge, Rennwagen, Tragflügelboote oder auch Baseballs herum – zumindest annähernd. Mit Hilfe der Aerodynamik können Ingenieure aus dem Strömungsfeld die auf das Objekt einwirkenden Kräfte und Impulse und damit das Muster der Fluidbewegung berechnen. Strömungsfelder stellen Geschwindigkeit, Druck, Dichte und Temperatur dar, die je nach Lage und Zeit unterschiedlich sind und auch von Eigenschaften wie Objektform und Viskosität des Fluids abhängen. Sie können in Windkanälen gemessen oder mithilfe von Gleichungen berechnet werden, die sich aus der Gesetzmäßigkeit ergeben, dass Masse, Impuls und Energie stets erhalten bleiben. Die vier Hauptkräfte für das Fliegen sind Auftrieb, Widerstand, Schub und Gewicht. Auftrieb und Widerstand entstehen aus dem Strömungsfeld. Damit ein Flugzeug fliegt, muss der Auftrieb die Gewichtskraft und der Triebwerksschub den Luftwiderstand überwinden, der das Flugzeug verlangsamt. Geringere Kräfte von Höhenrudern und einem Seitenruder stabilisieren die Ausrichtung des Flugzeugs und ermöglichen bei Bedarf Kurvenflüge.

VERWANDTE THEMEN
MASCHINENBAU
Seite 56

MATERIALIEN IN DER LUFT- UND RAUMFAHRT
Seite 124

LEHREN AUS DEM WELTRAUM
Seite 126

3-SEKUNDEN-BIOGRAFIEN

LEONHARD EULER
1707–1783
Schuf viele Grundlagen für die moderne Mathematik und Aerodynamik

WILBUR & ORVILLE WRIGHT
1867–1912 & 1871–1948
Bauten das erste Flugzeug, das einen erfolgreichen längeren Flug absolvierte

ANDREI TUPOLEW
1888–1972
Entwickelte über hundert verschiedene Flugzeugtypen, obwohl er in der Stalinzeit inhaftiert und streng bewacht war

30-SEKUNDEN-TEXT
George Catalano

Die Aerodynamik dient Ingenieuren zur Voraussage der Bewegung von Flugobjekten.

21

MATERIALIEN IN DER LUFT- UND RAUMFAHRT

30-Sekunden-Fundament

Seit den Heißluftballons des 18. Jahrhunderts rütteln Flugzeugingenieure an der Grenze der Leistungsfähigkeit von Werkstoffen. Flugzeuge erfordern höchste Zuverlässigkeit bei extremen Temperaturen. So muss der Rumpf von Passagiermaschinen Lufttemperaturen um −50° C und deren Triebwerke über 1000° C aushalten. Deshalb kommen für die Brennkammer und Turbinenschaufeln mit einer keramischen Wärmedämmung beschichtete Nickel-Superlegierungen zum Einsatz, die selbst bei hohen Temperaturen dem Kriechen widerstehen. Eine Folge der unterschiedlichen Belastungen sind unsichtbare Risse, die sich bei jeder Lastspitze langsam ausdehnen. Sind sie groß genug, kann ein Bestandteil wie eine Turbinenschaufel plötzlich auseinanderfallen: ein Ermüdungsbruch. Die Ingenieure stellen sicher, dass sich die Spitzenlasten innerhalb der bekannten Ermüdungsgrenzen bewegen, um solche Ausfälle zu vermeiden. In Bezug auf Festigkeit, Gewicht und Steifigkeit sind kohlefaserverstärkte Kunststoffe Aluminiumlegierungen und diese wiederum Stahl überlegen. Verbundwerkstoffe sind jedoch nicht selten anfällig für Stoßbelastungen und Delaminationen. Deshalb werden trotz ihres höheren Gewichts für kritische Bestandteile hochfeste Titan- oder Stahllegierungen verwendet. Am Computer simulieren Ingenieure das Verhalten von Flugzeug- und Raumfahrzeugstrukturen, aber nur umfängliche Tests können eine optimale Leistung und Beständigkeit garantieren.

3-SEKUNDEN-KERN

Für Luft- und Raumfahrzeuge sind Materialien gefragt, die leicht, steif, stark und langlebig sind und extreme Umgebungsbedingungen aushalten. Experimente und Computersimulationen sorgen für ein sicheres Design.

3-MINUTEN-EINFALL

Faser-Kunststoff-Verbunde vereinen die Vorteile von Kohlenstofffasern mit denen eines starren Kunststoffs. Die Fasern sind entlang ihrer Achse extrem stark. Schichtverbundwerkstoffe (Laminate), deren Schichten um einen wabenartigen Kern angeordnet sind, haben eine erhöhte Steifigkeit. Neue Richtungen in der Verbundwerkstoffentwicklung sind Hochleistungskunststoffe und multifunktionale Materialien, die einige Bestandstoffe überflüssig machen könnten.

VERWANDTE THEMEN

WERKSTOFFTECHNIK
Seite 60

GRUNDLAGEN DER AERODYNAMIK
Seite 122

LEHREN AUS DEM WELTRAUM
Seite 126

3-SEKUNDEN-BIOGRAFIEN

SIR JAMES ALFRED EWING
1855–1935
Untersuchte magnetische Materialien und verband das Ermüdungsversagen mit mikroskopischen Defekten in Metallkristallen

LEONARD BESSEMER PFEIL
1898–1969
Erfand eine der ersten Nickellegierungen, die den Anforderungen an Triebwerksturbinen genügt

AKIO SHINDO
1926–2016
Stellte ausreichend starke Kohlefasern für die Produktion von Flugzeugteilen her

30-SEKUNDEN-TEXT

Matthew L. Smith

Festigkeit, Steife und Leichtigkeit sind wichtige Materialeigenschaften.

LEHREN AUS DEM WELTRAUM

30-Sekunden-Fundament

Außerhalb der Erdatmosphäre sind Raumfahrzeuge dem Vakuum, extremen Temperaturen, starker Strahlung sowie möglichen Einschlägen von Mikrometeoriten oder Weltraummüll ausgesetzt. Sie müssen Trümmerfelder um die Erde durchqueren, während Raumsonden in der Atmosphäre anderer Planeten auf Staub und giftige Gase treffen können. Die starke Strahlung stellt eine Bedrohung für Mensch und elektronische Geräte dar. Die Bandbreite der Temperaturen reicht von –230° C bis über +200° C – das strapaziert die Batterien und Elektronik an Bord. Die Auswirkungen der Extreme im Weltraum in den Griff zu bekommen, ist eine technische Herausforderung. Ingenieure entwickeln Computermodelle bezüglich der Thermik und der Beanspruchung der Bauteile des Raumfahrzeugs, testen und zertifizieren dann Prototypen unter simulierten Weltraumbedingungen. Vibrationstische und Akustikkammern simulieren die Startbedingungen. Letztere testen zudem die Widerstandsfähigkeit gegen niedrige Drücke und extreme Temperaturen. Eine gute Abschirmung sorgt dafür, dass die Elektronik der radioaktiven und kosmischen Strahlung standhält. Raumschiffe sind in die extreme Umgebung des Weltraums vorgedrungen, doch der Erfolg darf nicht zur Selbstgefälligkeit führen. Eine wichtige Lehre aus den zahlreichen Unfällen lautet, dass die Gefahren des Weltraums zwar vorübergehend bewältigt, aber nie vollständig überwunden werden können.

3-SEKUNDEN-KERN

Raumfahrzeuge sind extremen Temperaturen, Drücken, Strahlungswerten und Erschütterungen ausgesetzt. Ingenieure haben diese Herausforderungen gemeistert und den Weltraum Erforschung und kommerzieller Nutzung zugänglich gemacht.

3-MINUTEN-EINFALL

Privatunternehmen haben mit selbst entwickelten fortschrittlichen Triebwerken und Raumfahrzeugen Weltraumflüge bequemer, zuverlässiger und routinemäßiger gemacht. Die Grundforderungen an die Entwickler sind niedrige wiederkehrende Kosten, Wiederverwendbarkeit, hohe Leistung und Zuverlässigkeit. Zu den größten Erfolgen der kommerziellen Raumfahrt gehören die Wiederverwendung einer Rakete der Orbitalklasse und die erste Frachtlieferung zur Internationalen Raumstation

VERWANDTE THEMEN

MASCHINENBAU
Seite 56

ORGANISATIONSSICHERHEIT
Seite 82

MATERIALIEN IN DER LUFT- UND RAUMFAHRT
Seite 124

3-SEKUNDEN-BIOGRAFIEN

ROBERT HUTCHINGS GODDARD
1882–1945
Gilt als der Erfinder des modernen Flüssigkeitsraketentriebwerks

WERNHER VON BRAUN
1912–1977
Leitete die Entwicklung von Trägerraketen in Deutschland und später in den USA

MARY WINSTON JACKSON
1921–2005
Erste afroamerikanische Ingenieurin bei der NASA

30-SEKUNDEN-TEXT

John Krupczak

Schon beim Start sind Raketen kräftigem Schütteln und intensiven Schallwellen ausgesetzt.

SELBSTFAHRENDE KRAFTFAHRZEUGE

30-Sekunden-Fundament

Anstelle von Menschen werden fahrerlose Autos von Computern mit Daten von Lasern, Radar, Kameras und GPS gesteuert. Der Computer muss dazu drei Fragen beantworten: Wo bin ich? Was ist in meiner Umgebung? Was soll ich tun? Software vergleicht eingehende Sensordaten mit gespeicherten 3-D-Karten und stellt auf wenige Zentimeter genau fest, wo sich das Fahrzeug gerade befindet. Kamerabilder und Laserdaten liefern die erforderlichen Informationen zu sich bewegenden und statischen Hindernissen auf oder in der Nähe der Straße rund um das Auto. Maschinelles Lernen und Computervision helfen dem Bordrechner, Hindernisse in der Nähe zu kategorisieren. Autos bewegen sich bekannterweise anders als Fahrräder und Fußgänger. So kann der Computer die Art des Hindernisses identifizieren und vorhersagen, was in den nächsten Sekunden wahrscheinlich passieren wird. Auf dieser Grundlage plant er die Fahrt ein paar Sekunden so voraus, dass der Wagen im Interesse einer ruhigen, bequemen Fahrt allen Hindernissen ausweicht. Darauf stellt der Rechner das Gaspedal oder die Bremsen ein und betätigt das Lenkrad. Er interpretiert mehrmals pro Sekunde einen jeweils frischen Sensordatensatz und berechnet die Fahrt für die kommenden Sekunden neu. Ingenieure nutzen bei der Entwicklung selbstfahrender Systeme die Prinzipien der Informatik, Robotik, des maschinellen Lernens, der Sensorik, der Optimierung und der Mathematik.

3-SEKUNDEN-KERN

Mit Software und Sensoren erfassen fahrerlose Autos die Umgebung, um Bewegungen zu planen. Das Konzept, das tief greifende soziale Veränderungen mit sich bringt, ist einfach, seine Umsetzung allerdings eine Herausforderung.

3-MINUTEN-EINFALL

Bei den fahrerlosen Autos werden aufgrund wirtschaftlicher Überlegungen Kompromisse erforderlich sein. Das Update nach einem Unfall der von Software und Algorithmen gesteuerten Fahrzeuge kann an die ganze Flotte weitergegeben werden. Zwar sind Unfälle grundsätzlich inakzeptabel, aber so kann selbst jeder Beinaheunfall dazu beitragen, die Wahrscheinlichkeit einer Wiederholung zu verringern. Wir menschlichen Fahrer teilen solche Erfahrungen nur selten. Werden Maschinen deshalb die besseren Fahrer sein?

VERWANDTE THEMEN

MECHATRONIK
Seite 62

ROBOTIK & AUTOMATISIERUNG
Seite 70

SOFTWARETECHNIK
Seite 100

3-SEKUNDEN-BIOGRAFIEN

HENRY FORD
1863–1947
Pionier der Fließbandfertigung (1913): Sein berühmtes Modell T stellte 1918 die Hälfte der Autos in den USA

SOICHIRO HONDA
1906–1991
Gründer von Honda und führender japanischer Automobilingenieur des 20. Jahrhunderts

RUDOLF E. KÁLMÁN
1930–2016
Legte den Grundstein für moderne Navigationssysteme

30-SEKUNDEN-TEXT

Paul Newman

Fahrerlose Autos werden schon bald unser Leben verändern und mehr Wirtschaftlichkeit und Sicherheit mit sich bringen.

INGENIEURE FORMEN DIE ZUKUNFT

INGENIEURE FORMEN DIE ZUKUNFT
GLOSSAR

Anaerob (Chemieingenieurwesen) Prozess, der in Abwesenheit von Sauerstoff stattfindet, oft unter Verwendung von Bakterien, die in einer Umgebung mit wenig oder gar keinem Sauerstoff leben.

Autonome Maschine Ist mit ausreichender Abtast-, Rechen- und Kommunikationsfähigkeit ausgestattet, um selbstständig (ohne Steuerung durch Menschen) zu agieren.

Diode Elektronisches Bauteil, das den Stromfluss nur in eine Richtung zulässt.

Drohne Unbemanntes Luftfahrzeug, das entweder eigenständig operiert oder ferngesteuert wird; heute meist ein kleiner Hubschrauber.

Elektrische Leistung Strombedarf, der sich aus der Anzahl und dem Leistungsbedarf aller derzeit in einem Stromnetz angeschlossenen und eingeschalteten Geräte ergibt.

GPS *Global Positioning System* aus Navigationssatelliten, die einem entsprechend ausgestatteten Empfänger per Funk die Ermittlung seiner Position auf der Erde mit großer Genauigkeit ermöglichen.

Grüne Chemie Auch nachhaltige Chemie. Entwicklung von chemischen Verfahren, mit denen eine Reduktion von Schad- und Gefahrenstoffen erreicht werden kann oder diese im besten Fall überflüssig gemacht werden.

Industrieökologie Der Begriff wird im Zusammenhang mit zwei oder mehr voneinander abhängigen Industrien verwendet, die Abfälle in der Produktion verwerten und damit verhindern, dass sie in die Umwelt gelangen.

Intelligente Maschine Maschine mit integrierter Sensorik, die Daten mit anderen Geräten und Systemen austauschen und eventuell auch autonome Aktionen ohne menschliche Interaktion durchführen kann.

Kraftwerk Anlage, die aus der Verbrennung von fossilen Brennstoffen wie Kohle, Öl und Erdgas oder auch aus der Wärme aus einem Kernreaktor bzw. aus Sonnenkollektoren Strom erzeugt.

Laststeuerung (Elektroingenieurwesen) Auch Demand-Side-Management (DSM). Bei hoher Stromnachfrage können Netzbetreiber Großverbraucher wie Aluminiumhütten nach vorheriger Vereinbarung ausschalten oder ihren Stromverbrauch reduzieren. Der Verbraucher wird in diesem Fall durch günstigere Tarife entschädigt. Viele Anlagen können ihren Stromverbrauch für eine gewisse Zeit ohne nennenswerte Auswirkungen reduzieren.

Leuchtdiode (LED) Gibt bei Stromfluss farbiges Licht ab. LEDs sind energieeffiziente Lichtquellen, die in Autoscheinwerfern, medizinischen Geräten und in vielen anderen Bereichen zum Einsatz kommen. Im Gegensatz zu früheren Lichtquellen geben sie relativ wenig Wärme ab und bleiben kühl.

Lidar (Ladar) Optische Abstands- und Geschwindigkeitsmessung mit einem Laserstrahl unter Verwendung von Triangulation oder Timer. Die Richtung des reflektierten Strahls lässt die Richtung des Objekts erkennen.

Radar Aussendung von hochfrequenten Funksignalen und Erfassung des Echos: Aus der Zeit, die das Signal bis zur Rückkehr benötigt, lässt sich die Entfernung des reflektierenden Objekts berechnen.

Schlacke Schmelzrückstand bei der Eisenverhüttung.

Sensor Vorrichtung, die eine bestimmte physikalische Eigenschaft misst und ein Signal mit dem Messwert erzeugt. Ein Thermoelement misst die Temperatur und erzeugt eine kleine elektrische Spannung, die die Temperatur anzeigt.

Sonar Aussendung von Hochfrequenzschall und Erfassung des Echos: Aus der Zeit, die das Signal bis zur Rückkehr benötigt, lässt sich die Entfernung zum reflektierenden Objekt berechnen.

Stromnetz (Elektrotechnik) Gesamtes Stromversorgungssystem einschließlich Stromerzeugungsanlagen, Transformatoren, Schaltanlagen und Stromleitungen.

Tonerde Aluminiumoxid für die Gewinnung von reinem Aluminium. Wird meist als Pulver in der Nähe von Bauxitminen (die häufigste Quelle von Aluminium) produziert und zu Aluminiumschmelzen transportiert, die große Mengen an kostengünstigem Strom benötigen.

WLAN Funkkommunikationstechnologie, die entwickelt wurde, um bequeme drahtlose Internetverbindungen für mobile Geräte wie Laptops und Telefone bereitzustellen.

ANDERS DENKEN

30-Sekunden-Fundament

Bis in unser Jahrhundert gingen Ingenieure bei ihrer Arbeit von einer Welt aus, in der Wasser stets verfügbar und die Abfallentsorgung kein Thema ist. Zwar existierten Vorschriften in Bezug auf die Verschmutzung, aber sie wurden zu oft kaum durchgesetzt. Heute beginnt die finanzielle Abschreckung ihre Wirkung zu entfalten. Planer von Großprojekten sehen sich bei der Ver- und Entsorgung von Wasser und auf zahlreichen anderen Gebieten mit Einschränkungen konfrontiert. Der Ruf einer Bank kann aufgrund der von ihr finanzierten Projekte Schaden nehmen. Nach Medienberichten über den Austritt von Giftstoffen widerrufen Banken möglicherweise Kredite. Sensible Messgeräte können in Onlineshops bestellt werden, sodass Lecks und Verschmutzungen oft von Amateurwissenschaftlern oder lokalen Umweltaktivisten entdeckt werden. Dies führt mitunter zur Einstellung großer Projekte – gute Nachrichten für Ingenieure im Bereich des Recyclings und der Abfallverwertung. Raffinerien, die mit erneuerbaren Energien betrieben werden, die Luft und Wasser reinigen und nicht verschmutzen, wertvolle Abfälle zurückgewinnen und so sauber und leise sind, dass Menschen in ihrer unmittelbaren Nähe wohnen möchten – das sind die Projekte, die langfristige Finanzierungen zu günstigen Konditionen anziehen. Und selbst Unternehmen in den Entwicklungsländern können sich Mittel aus reichen Ländern sichern, um ihre Abfallwirtschaft zu verbessern und Emissionen zu reduzieren.

3-SEKUNDEN-KERN
Dass der Ruf der Banken auch von der Ökobilanz der von ihnen finanzierten Projekte abhängt, motiviert die Ingenieure zum Bau sauberer, umweltfreundlicher Fabriken und Raffinerien, die mit erneuerbaren Energien betrieben werden.

3-MINUTEN-EINFALL
Grundvoraussetzungen für die Reduzierung von Treibhausgasemissionen sind erfinderische Ingenieure und ein intelligentes Energiemanagement. Neue Technologien brauchen oft über ein Vierteljahrhundert, um heranzureifen. Deshalb besteht die Herausforderung für Ingenieure darin, auf kluge Weise bestehende Technologien zu kombinieren, die breite Massen begeistern und zugleich zu erheblichen Kosteneinsparungen führen. So kann die Finanzierung von Großinvestitionen gesichert werden.

VERWANDTE THEMEN
UMWELTINGENIEURWESEN
Seite 50

ENERGIE- & FINANZWESEN
Seite 140

3-SEKUNDEN-BIOGRAFIEN

JAMES LOVELOCK
geb. 1919
Entwickelte die Gaia-Hypothese sowie Methoden zum Nachweis von Leben auf anderen Planeten und identifizierte als Erster die Anhäufung von FCKW-Gasen in der Erdatmosphäre

JOHN GRILL
geb. 1945
Gründer von *WorleyParsons*, der die Bedeutung der Nachhaltigkeit für große Ingenieurprojekte, besonders der Wasserversorgung und Abwasserreinigung, erkannte

30-SEKUNDEN-TEXT
James Trevelyan

Einem sauberen, grünen und nachhaltigen Ingenieurwesen gehört die Zukunft.

INNOVATIONEN

30-Sekunden-Fundament

Innovation und Erfindung lauten die Zauberworte jedes Ingenieurs, denn schon seine Bezeichnung leitet sich aus dem lateinischen Wort *ingenium* »kluger Einfall, Scharfsinn« her. Damit diese Ideen in einem Unternehmen umgesetzt werden, das neue Erzeugnisse mit einer relevanten Nachfrage entwickelt und produziert, müssen Ingenieure, Marketingexperten, Hersteller und Investoren zusammenarbeiten. Dabei stellen die Ingenieure eine Reihe von Prototypen her, erst im Labor, später auch für den Feldversuch, lernen aus Tests und Kundenbewertungen, verbessern schrittweise ihre Leistungsfähigkeit, bauen Vertrauen auf und entwickeln Produktdesigns. Ob neue Raumschiffe, Handy-Apps, Materialien, Prozesse oder Engines – stets folgt ihre Entwicklung denselben Prinzipien und dauert Monate oder gar Jahre. Die Erfinder lassen ihre Produkte in jedem größeren Land, in dem sie verwendet werden, patentieren und gewähren den Anlegern Exklusivrechte zum Verkauf für bis zu 25 Jahre. Der Ingenieur Shuji Nakamura und seine Kollegen forschten jahrzehntelang an blauen Leuchtdioden (LEDs). Heute sorgen Milliarden blauer LEDs mit ihren roten und grünen Cousins für energieeffiziente Beleuchtung und Farbdisplays auf Smartphones und Fernsehern. Dank dieser und ähnlicher Innovationen können wir Menschen unseren Bedarf an Licht und Informationen mit erheblich weniger Material- und Energieaufwand sowie Umweltverschmutzung decken und zu einer Welt mit mehr Nachhaltigkeit für alle beitragen.

3-SEKUNDEN-KERN
Technische Innovationen lassen Ideen Wirklichkeit werden. Sie bestimmen letztendlich unseren Alltag: Wohnen, Verkehr, Lebensmittel, Kleidung, Energie, Wasserversorgung und Abwasserentsorgung, Computer, Kommunikation und Gesundheitswesen.

3-MINUTEN-EINFALL
Technische Innovationen haben viele soziale Gerechtigkeit, wirtschaftliche Emanzipation und politische Revolutionen hervorgebracht, so Facebook und Twitter den arabischen Frühling. Sie liegen auch dem Wirtschaftswachstum durch Produktivitätssteigerung zugrunde. Preisgünstige Handys stehen hinter dem Erfolg vieler Unternehmen, verdrängten teure, ineffiziente Staatsmonopole und lassen uns heute zu erschwinglichen Preisen weltweit telefonieren und im Internet surfen.

VERWANDTE THEMEN

ELEKTRONIK
Seite 96

SOFTWARETECHNIK
Seite 100

INFORMATIONS- & KOMMUNIKATIONSTECHNIK
Seite 106

3-SEKUNDEN-BIOGRAFIEN

CHARLES F. KETTERING
1876–1958
Leitete die Entwicklung zahlreicher Innovationen im Automobilbereich wie elektrische Anlasser und verbleites Benzin

JOHN O'SULLIVAN
geb. 1947
Erfand WLAN-Technologie, die Computern und Telefonen lokalen Internetzugang bietet

SHUJI NAKAMURA
geb. 1954
Nobelpreis für Physik für die Erfindung effizienter blauer und weißer Leuchtdioden (LEDs)

30-SEKUNDEN-TEXT
Marlene Kanga

Technische Innovationen verändern unsere Welt seit Jahrtausenden.

4. Januar 1936
Geburt in Niederkassel

1961
Studium der Luft- und Raumfahrttechnik an der RWTH Aachen. Mitarbeiter der *Deutschen Forschungs- und Versuchsanstalt für Luft- und Raumfahrt* (DFVLR)

1964–1965
Studium der Regelungstechnik an der Princeton University

1969
Promotion an der RWTH Aachen mit einer Arbeit zu den optimalen Wiedereintrittsbahnen von Raumfähren; Übernahme der Leitung des DFVLR, das heute *Deutsches Zentrum für Luft- und Raumfahrt* heißt

1975
Professor an der Universität der Bundeswehr München, mehr Zeit für Forschungen

1977–1982
Forschungen zum maschinellen Sehen für Flugzeuge, Hubschrauber, Raum- und Bodenfahrzeuge.

1985
Installation des ersten visuellen Leitsystems in einem 5-Tonnen-Fahrzeug

1987
Demonstrationsfahrt des Roboterfahrzeugs VaMoRs auf einer noch nicht freigegebenen Autobahn

1987–1995
Leiter des EUREKA-Projekts Prometheus (*PROgraMme for a European Traffic of Highest Efficiency and Unprezedented Safety*)

1995
Erste lange Autobahnfahrten und autonomes Fahren mit hoher Geschwindigkeit, mit nur gelegentlichen manuellen Eingriffen.

2001
Fertigstellung des visuellen Leitsystems der dritten Generation und Demonstration des autonomen Fahrens auf kleinen Straßennetzen. Emeritierung als Professor der Universität der Bundeswehr.

ERNST DIETER DICKMANNS

Schon mit zwölf Jahren fuhr der 1936 in einem Dorf bei Köln als Sohn eines Lehrers geborene Ernst Dickmanns mit dem Traktor durch die Gegend. Mit fünfzehn half entdeckte er die Bedeutung von Differenzialgleichungen für die Steuerung der Bewegung von Fahrzeugen, was ihn später dazu veranlasste, sich selbstfahrenden Kraftfahrzeugen zuzuwenden.

Dickmanns erste Leidenschaft galt der Luft- und Raumfahrttechnik, die er an der RWTH Aachen studierte, gefolgt von einem Aufbaustudium der Regelungstechnik an der Princeton University. Zurück in Deutschland, arbeitete er am deutschen Raumfahrtforschungszentrum an der Optimierung der Flugdynamik und -bahn, später an Projekten zur Satellitensteuerung. 1977 wandte sich Dickmanns dem maschinellen Sehen in Fahrzeugen zu. Die ersten von »sehenden« Computern gesteuerten Fahrzeuge waren bereits 1970 aufgetaucht, aber nur wenige hatten Geschwindigkeiten über zwei Kilometer pro Stunde erreicht. Deshalb gingen die Ingenieure davon aus, dass fahrerlose Autos per Funk gesteuert werden müssten – über Kabel, die man unter den Straßen verlegte. 1987 erreichte jedoch ein nur durch maschinelles Sehen gesteuertes 5-Tonnen-Fahrzeug, das Dickmanns Team an der Universität der Bundeswehr München entwickelt hatte, Geschwindigkeiten von 100 Stundenkilometern.

Dieser Durchbruch beruhte auf Dickmanns Erkenntnis, dass sich die von Autopiloten verwendeten Differenzialgleichungen auch für die Steuerung von Autos verwenden lassen, wenn nur die Kameras mindestens zehn Bilder pro Sekunde lieferten und der Computer sie verarbeiten könnte. Ersteres war kein Problem, eine Analyse der Bilder mit dieser Geschwindigkeit dagegen noch unmöglich. Dickmanns erkannte, dass die Analyse kleiner Fenster in den Bildern viel schneller sein würde, und sein Kollege Volke Graefe setzte die Idee um. Eine Kamera mit einem Weitwinkelobjektiv folgte dabei den nahe gelegenen Rändern der Fahrspuren, eine zweite mit einem Teleobjektiv maß die Krümmung der Straße vor dem Fahrzeug. EUREKA förderte das siebenjährige Projekt Prometheus, in dem Dickmanns eine führende Rolle spielte, mit 749 Millionen Euro.

1995 unternahm sein Team eine 1758 Kilometer lange Reise mit einem Roboterfahrzeug, das auf der Autobahn Geschwindigkeiten über 175 km/h erreichte. Es konnte zum Überholen automatisch die Spur wechseln und musste nur gelegentlich manuell gesteuert werden. Dennoch vergingen noch Jahre, bis sich Dickmanns Ideen auch bei den Informatikern und den Fachleuten der künstlichen Intelligenz durchsetzten.

Bei seiner Emeritierung im Jahre 2001 hatte das Team von Dickmanns viele Herausforderungen gemeistert. Seine Ideen fanden Eingang in heutige Fahrerassistenztechnologien, und die Ingenieure testen derzeit Prototypen selbstfahrender Autos im Stadtverkehr. Vor einem breiten Einsatz müssen allerdings noch rechtliche und regulatorische Fragen geklärt werden.

James Trevelyan

ENERGIE- & FINANZWESEN

30-Sekunden-Fundament

3-SEKUNDEN-KERN
Mobilfunksysteme ermöglichen uns, Dinge wie Solarstrom mit Batteriespeicher auf Kredit zu kaufen. Wie bei Prepaid-Handys kann man auch nach Bedarf bezahlen.

3-MINUTEN-EINFALL
Fossile Brennstoffe machen zunehmend erneuerbaren Energien und intelligenter Energiespeicherung Platz. Der Markt wird dabei von intelligenten Maschinen und automatischer Regeltechnik gelenkt, die den Energiefluss je nach Verfügbarkeit und Preis anpassen. Telekommunikationssysteme fungieren als Vertrauensmakler und übernehmen Finanztransaktionen, bei denen wir bisher auf brüchige menschliche Beziehungen zu Banken als Vermittler angewiesen waren. Zusammen werden sie das Leben der Menschen von Grund auf verändern.

Im 20. Jahrhundert war die Industrie auf riesige Kraftwerke, nationale Stromnetze und eine zentrale Steuerung angewiesen. Die Zentralbanken stellten die Mittel für den Bau dieser von Ingenieuren und Bürokraten betriebenen Systeme bereit. Eine umfassende staatliche Kontrolle stellte sicher, dass die Menschen ihre Steuern und Rechnungen bezahlten. Dagegen ging man nicht nachhaltig mit den Ressourcen um, und die weltweite Verschmutzung gefährdet heute das Klima. Eine Finanzrevolution bringt erneuerbare Energien und andere Dienstleistungen mit einem viel geringeren Bedarf an Ingenieuren, Bürokraten und Polizeibeamten in die Dritte Welt. Handys dienen nicht nur der Kommunikation, sondern verifizieren auch die Identität, um mobile Zahlungssysteme und die Erhebung von Steuern ohne Bankkonten möglich zu machen. Dank mobiler Finanztechnologien werden Landwirte schon bald auf Kredit Kühllagerraum mieten können, für den ihre Produktion als Sicherheit gilt. Heute schon mieten Bauern so Solarmodule mit Batteriespeicher und erzielen zusätzliches Einkommen, indem sie überschüssigen Strom verkaufen. Maschinen können auf Kredit geliefert werden, da die Lieferanten wissen, dass die Abnehmer die Maschinen nur nutzen können, wenn sie mit den Zahlungen nicht in Verzug kommen. Dank mobiler Fintech können Industrieunternehmen erneuerbare Energien verwenden und die jeweils billigste Energie auf Abruf kaufen.

VERWANDTE THEMEN

STROMERZEUGUNG & ENERGIESPEICHER
Seite 78

INFORMATIONS- & KOMMUNIKATIONSTECHNIK
Seite 106

ANDERS DENKEN
Seite 134

3-SEKUNDEN-BIOGRAFIEN

RUSSELL SHOEMAKER OHL
1898–1987
Entwickelte Halbleiterdioden und die ersten Silizium-Solarzellen, die zur Entwicklung von Transistoren führten

JOHN B. GOODENOUGH
geb. 1922
Leistete wesentliche Beiträge zur Entwicklung von Lithium-Akkus mit großer Speicherkapazität

MOHAMMED »MO« IBRAHIM
geb. 1946
Leitete den Aufbau von Mobilfunknetzwerken in Afrika

30-SEKUNDEN-TEXT
James Trevelyan

Das mobile Internet hat auch Kleinhändlern Zugang zum globalen Markt verschafft.

RESSOURCEN-KNAPPHEIT

30-Sekunden-Fundament

Die ständig wachsende Weltbevölkerung hat in Verbindung mit verschwenderischem Materialverbrauch zu Engpässen geführt. Die Weltbank schätzt, dass die weltweite Abfallmenge bis 2025 auf über sechs Millionen Tonnen pro Tag ansteigt – 70 Prozent mehr als 2015. Wir sollten lernen, Abfall als wertvolle Ressource zu sehen, denn das wird zahlreiche Probleme lösen. Die Rückgewinnung von Kupfer aus Elektronikschrott ist nicht nur nachhaltig, sondern das Metall ist auch in weitaus größerer Konzentration vorhanden als in Kupfererzen – im Falle von weggeworfenen Leiterplatten das Zehn- bis Zwanzigfache. Elektronikschrott enthält außerdem Edelmetalle wie Gold und Silber. Der Goldgehalt kann den von natürlichem goldhaltigem Gestein um das Zwanzigfache und mehr übersteigen – ein mehr als überzeugender Grund für das Recycling aus wirtschaftlicher Sicht. Beim gängigen Recycling werden aus Altglas oder Altkunststoff neue Materialien derselben Sorte hergestellt. Andere Abfälle müssen jedoch auf spezielle Art und Weise aufbereitet werden. Die Ingenieure planen dazu bereits Mikrofabriken, modulare Produktionsanlagen, die ihre Ressourcen aus Abfällen gewinnen und Materialien wieder in ihre ursprüngliche Form und Struktur oder in neue Stoffe umwandeln. Mikrofabriken entstehen stets dort, wo Abfälle anfallen. Das senkt die Transportkosten und schafft Arbeitsplätze vor Ort.

3-SEKUNDEN-KERN

Die Gewinnung von Wertstoffen aus Abfällen wird schon bald rentabler sein als der Abbau der knapper werdenden natürlichen Ressourcen. Dazu sind anpassbare Transformationsprozesse erforderlich, denn die Abfallzusammensetzung ändert sich laufend.

3-MINUTEN-EINFALL

Die Mikrofabriken der Zukunft müssen flexibel mit Abfällen umgehen können. So bestehen Elektronikabfälle mal aus Laptops, mal vor allem aus Festplatten. Roboter und Scanner, die umfangreiche Datensätze verwenden, helfen den Menschen, radioaktive Brandmeldekomponenten sowie andere Gegenstände zu identifizieren, die besonders zu behandeln sind. Menschen fällt dagegen das Zerlegen von Produkten einfacher, die für Roboter zu komplex sind.

VERWANDTE THEMEN

KUNSTSTOFFE & DÜNGEMITTEL
Seite 86

ANDERS DENKEN
Seite 134

EINDÄMMUNG DER UMWELTVERSCHMUTZUNG
Seite 148

3-SEKUNDEN-BIOGRAFIEN

MAHATMA GANDHI
1869–1948
Sah eine Verknappung der Ressourcen voraus und befürwortete alternative Produktionsmethoden

CARL SHIPP MARVEL
1894–1988
Entwickelte ein Herstellungsverfahren für synthetischen Kautschuk und Hochleistungskunststoffe, die in der Luft- und Raumfahrt verwendet werden

AMORY LOVINS
geb. 1947
Fürsprecher von umweltfreundlicher Energie und ökologischen Materialien

30-SEKUNDEN-TEXT

Veena Sahajwalla

Die Ingenieure arbeiten für eine Zukunft, in der Produkte zumeist aus Recycling-Materialien hergestellt werden.

LEBENSMITTEL-VERSORGUNG

30-Sekunden-Fundament

Die Lebensmitteltechnik ist von grundlegender Bedeutung für unsere Zukunft. Ein Drittel der auf der Erde angebauten Lebensmittel geht verloren – in vielen der am wenigsten entwickelten Länder (WEL), wo Hunger herrscht, wegen mangelhafter Lagerung, Verarbeitung und Verteilung weit mehr. Eine bessere Bildung und Infrastruktur könnten den Anbau steigern. Kunststoffbehältnisse sorgen zwar weltweit für große Probleme, halten aber auch Lebensmittel frisch. Mit Kühlhäusern ließe sich der Löwenanteil der Lebensmittelverluste in Entwicklungsländern verhindern, und eine gute Verpackung könnte das ihre beitragen. So könnte die wachsende Weltbevölkerung ohne mehr Anbauflächen ernährt werden. Eine große Hürde stellt dabei die geringe Verfügbarkeit von Krediten für den Kauf der Maschinen zur Verarbeitung und Lagerung von Lebensmitteln dar. Dank sicherer elektronischer Zahlungssysteme und Maschinen mit Handyanbindung können Maschinenlieferanten Kredite an Kleinunternehmen vergeben. Dabei muss der Benutzer seine Raten rechtzeitig per Handy bezahlen, damit die Maschinen funktionieren. Die zuvor genannten Technologien werden Landwirten und ländlichen Unternehmen den Kauf von Maschinen zur Lebensmittelverarbeitung und -lagerung auf Kredit ermöglichen, ohne dass sie ein Bankkonto oder Land als Sicherheit besitzen. Neue, biologisch abbaubare Lebensmittelverpackungen können das Kunststoff-Abfallproblem lösen.

3-SEKUNDEN-KERN
Der Fortschritt der Lebensmitteltechnik auch in den am wenigsten entwickelten Ländern ist entscheidend für unsere Zukunft auf der Erde. Lebensmittelingenieure sorgen für eine ganzjährige Versorgung mit erschwinglichem Essen.

3-MINUTEN-EINFALL
Die Lebensmitteltechnik bringt Produzenten, Verarbeiter, Wissenschaft, Transporteure und Supermärkte zusammen, um eine gleichbleibende Versorgung zu gewährleisten. Neue Pflanzensorten mit längerer Erntezeit eignen sich aufgrund ihrer in etwa immer gleichen Größe, Konsistenz und Form für die mechanisierte Verarbeitung. Die Verpackung schützt Lebensmittel vor Beschädigung und verlängert die Haltbarkeit. So wird eine erschwingliche, ganzjährig stabile Lebensmittelversorgung gewährleistet.

VERWANDTE THEMEN

KUNSTSTOFFE & DÜNGEMITTEL
Seite 86

ENERGIE- & FINANZWESEN
Seite 140

WASSERVERSORGUNG
Seite 146

3-SEKUNDEN-BIOGRAFIEN

BRYAN DONKIN
1768–1855
Wegbereiter der Haltbarmachung von Lebensmitteln in Konservendosen

CLARENCE FRANK BIRDSEYE II
1886–1956
Er bemerkte, dass schockgefrorener Fisch seine Qualität auch nach dem Auftauen beibehielt; Begründer der Tiefkühlindustrie

G. HOWARD KRAFT
1908–1983
Wegbereiter der sauerstofffreien Inertgasverpackung zur Verlängerung der Haltbarkeit von Käse und anderen Lebensmitteln

30-SEKUNDEN-TEXT
James Trevelyan

Die Lebensmitteltechnik ist wie die Wasserwirtschaft entscheidend für unsere Zukunft.

WASSER-VERSORGUNG

30-Sekunden-Fundament

Ohne Wasser kein Leben. Die UNO legte in ihrer Agenda für 2030 als Ziel fest, dass Wasser nachhaltig bewirtschaftet wird und allen zur Verfügung steht, ebenso wie Sanitäreinrichtungen. 2015 hatten 844 Millionen Menschen keine elementare Wasserversorgung, 2,1 Milliarden kein sicheres Trinkwasser, 4,5 Milliarden keine hinreichenden Sanitäreinrichtungen, und über zwei Milliarden lebten in Ländern mit akuter Wasserknappheit. Der Klimawandel vergrößert die Herausforderung zusätzlich. Ingenieure für die Planung und den Betrieb von Wasserspeichern, Kanälen, Rohrleitungen, Wasseraufbereitungsanlagen sowie für die Planung und Bewirtschaftung von Wasserressourcen werden benötigt. Sie entwickeln naturnahe Lösungen zur Verbesserung ober- und unterirdischer Wasserläufe sowie Kanalisationen. Die Abwasseraufbereitung, Entsalzung und neue Bewässerungstechniken sind von grundlegender Bedeutung für die Landwirtschaft, die 70 Prozent des Wassers verbraucht. Ingenieure helfen den Bauern auch beim Umgang mit Überschwemmungen und Dürren. Der Einzug der Informationstechnologie in die Wasser- und Sanitärsysteme sorgt für spannende neue Lösungen. Eine verbesserte Überwachung von Wasserfluss und -verbrauch kann die Versorgung sicherstellen, private Investitionen anziehen und zugleich dafür sorgen, dass zuverlässige Dienstleistungen die Grundbedürfnisse der Menschen decken.

3-SEKUNDEN-KERN

Die aktuellen Ziele einer nachhaltigen Entwicklung mit sauberem Wasser und Sanitäreinrichtungen für alle fordern von den Ingenieuren neue Technologien in beiden Bereichen.

3-MINUTEN-EINFALL

Ohne Wasser keine Lebensmittel und keine Kühlung der Aggregate von Stromerzeugern und Industrie. Die Wasseringenieure arbeiten mit Landwirten, Regierungsbehörden, Energieerzeugern und Verfahrenstechnikern zusammen. Für gute Lösungen im Wasserschutz muss man wissen, wie sich die Menschen verhalten und wie man Landwirte, Industrie und andere Nutzer zum schonenden Umgang mit den Ressourcen bewegt. Um das Wissen über das menschliche Verhalten in technische Lösungen zu integrieren, müssen Ingenieure eng mit Sozialwissenschaftlern kooperieren.

VERWANDTE THEMEN

BAUINGENIEURWESEN
Seite 34

DIE ZÄHMUNG GROSSER FLÜSSE
Seite 46

UMWELTINGENIEURWESEN
Seite 50

3-SEKUNDEN-BIOGRAFIEN

MANUEL LORENZO PARDO
1881–1953
Spanischer Bauingenieur, Gründungsdirektor der ersten Flussbecken-Organisation der Welt, der um die Mitte des 20. Jahrhunderts das Gesicht Spaniens veränderte

GIOVANNI LOMBARDI
1926–2017
Schweizer Bauingenieur, der die für den Tunnel- und Dammbau bekannte Firma Lombardi gründete und für die Weitergabe seines Wissens an die Gemeinschaft der Bauingenieure geschätzt wurde

30-SEKUNDEN-TEXT

Tomás A. Sancho

Ohne das Mitwirken der Ingenieure lässt sich das Ziel der UNO von sauberem Wasser für alle nicht erreichen.

EINDÄMMUNG DER UMWELT-VERSCHMUTZUNG

30-Sekunden-Fundament

Früher gingen Ingenieure mit Schadstoffen meist so um, dass man sie lagerte, bis eine Lösung gefunden wäre, oder sie vor der Freisetzung auf eine annehmbare Menge reduzierte. Beide Methoden verursachen erhebliche Kosten, und der Staat muss für die Einhaltung der Vorschriften sorgen. Vor allem in Entwicklungsländern können Schadstoffe ohne nennenswerte Bestrafung ausgestoßen werden. Ingenieure entwerfen rentable Alternativen, wie eine sauberere Produktion oder die Industrieökologie. Auf der Grundlage der »grünen Chemie« entwickelte saubere Produktionsprozesse verursachen gar keine problematische Umweltverschmutzung. So wandeln Bakterien Oxalatrückstände aus der Aluminiumherstellung in Natriumcarbonat um, das seinerseits in Natriumhydroxid umgewandelt werden und für die Aluminiumoxid-Raffination verwendet werden kann. Schadstoffhaltige Abfälle aus einem Unternehmen lassen sich in vielen Fällen auch in wertvolle Produkte für einen anderen Betrieb umwandeln. So fallen in Brauereien und Lebensmittelfabriken Abfälle an, die nicht ins Wasser eingeleitet, sondern von Bakterien in nährstoffreiche Düngemittel umgewandelt werden und sowohl Energie als auch zusätzliche Einnahmen generieren. Ingenieure adaptieren solche natürlichen Abfallaufbereitungssysteme für den industriellen Einsatz: künstliche Sümpfe mit Vegetation als effektive Abfallaufbereitungsanlagen.

3-SEKUNDEN-KERN

Die Industrie der Zukunft wird Schadstoffe als Ressourcen betrachten, die zu wertvoll sind, um sie in die Umwelt abzuleiten. Ingenieure können nicht selten natürliche Prozesse anpassen, um Schadstoffe in wertvolle Produkte umzuwandeln.

3-MINUTEN-EINFALL

Staatliche Vorschriften, Steuern und Anreize zur Bekämpfung der Umweltverschmutzung machen es Ingenieuren möglich, Lösungen mit einer höheren Wertschöpfung bei gleichzeitiger höherer gesellschaftlicher Akzeptanz auszuarbeiten. Die immer kostengünstigeren und effizienteren Techniken, die den Nutzen maximieren, machen umweltschonende Ingenieurlösungen rentabel, sodass Unternehmen sie auch ohne Vorschriften oder Anreize übernehmen.

VERWANDTE THEMEN

UMWELTINGENIEURWESEN
Seite 50

RESSOURCENKNAPPHEIT
Seite 142

3-SEKUNDEN-BIOGRAFIEN

ROBERT UNDERWOOD AYRES
geb. 1932
Formalisierte industrieökologische Prinzipien

GATZE LETTINGA
geb. 1936
Entwickelte hochwirksame anaerobe Verfahren, die moderne Industrieökologen inspirierten

DONALD HUISINGH
geb. 1937
Unterstützt die ökologische Modernisierungsbewegung, da die produktive Nutzung natürlicher Prozesse zu nachhaltigem Wohlstand führe

30-SEKUNDEN-TEXT

Raj Kurup

Die Verschmutzung von heute ist die Ressource von morgen, denn Abfälle werden in Rohstoffe umgewandelt.

TRANSPORT DER ZUKUNFT: DROHNENSCHIFFE

30-Sekunden-Fundament

Unbemannte Roboterschiffe läuten die nächste Phase bei der Erkundung und Befahrung der Weltmeere ein. Die Ozeane bedecken rund 70 Prozent der Erdoberfläche, sind aber noch zu 95 Prozent unerforscht, denn ihre Erkundung ist ein schwieriges, zeitaufwendiges und teures Unterfangen. Etwa 160 000 Schiffe transportieren Massengüter und fünf Millionen Container zur See, aber jedes Jahr gehen mehr als 10 000 Container verloren. Menschliches Fehlverhalten und Müdigkeit sind die Hauptursachen für Seeunfälle. Mit Sensoren wie Kameras, Radar, Sonar und Lidar navigieren Roboterschiffe, überwachen ihre Umgebung und erkennen Hindernisse. Die Sensordaten werden von den Bordcomputern interpretiert, die den Antrieb steuern und das Schiff navigieren. Die Computer nutzen außerdem GPS-Daten und empfangen Daten zum Wetter, den Standorten anderer Schiffe sowie Identifizierungsfunksprüche. Noch kommen unbemannte Wasserfahrzeuge nicht ohne menschliche Kapitäne aus, aber diese werden mit großer Wahrscheinlichkeit von Land aus mehrere Roboterschiffe überwachen und nicht mehr ein einziges zur See von der Brücke befehligen. Man erwartet, dass Drohnenschiffe die Transportkosten und die Umweltverschmutzung senken und zugleich die Sicherheit erhöhen. Zu den Anwendungsgebieten gehören auch die Seerettung und die meereskundliche Forschung, die Überwachung von gefährlichen Wetterphänomenen sowie die Beseitigung von Verschmutzung.

3-SEKUNDEN-KERN
Roboter- oder Drohnenschiffe kommen ohne Besatzung aus und werden von fortschrittlichen Sensoren, Satellitendaten und Computern gesteuert. Zur Erhöhung von Sicherheit und Effizienz überwacht ein Kapitän den Betrieb vom Festland aus.

3-MINUTEN-EINFALL
Die Technologie existiert, aber erst nach Gesetzesänderungen werden Roboterschiffe in internationalen Gewässern verkehren. Das internationale Recht und die Versicherer fordern »Seetüchtigkeit« von allen Schiffen, was nach Definition unter anderem eine Besatzung samt Kapitän und Lotsen voraussetzt. Die Gesetze variieren von Land zu Land und selbst von Hafen zu Hafen. Derzeit wird erörtert, wie man Drohnenschiffe gemäß den gesetzlichen Anforderungen seetüchtig machen kann.

VERWANDTE THEMEN
MECHATRONIK
Seite 62

ROBOTIK & AUTOMATISIERUNG
Seite 70

SELBSTFAHRENDE KRAFTFAHRZEUGE
Seite 128

3-SEKUNDEN-BIOGRAFIEN

WILLIAM FROUDE
1810–1879
Formulierte Gesetze, die erlauben, Messungen an kleinen Modellen bei der Konstruktion von Schiffen in voller Größe zu verwenden

VICTORIA DRUMMOND
1894–1978
Erste britische Marineingenieurin, die den Bau von Schiffen leitete und für ihren Mut zur See geehrt wurde

MIKAEL MÄKINEN
geb. 1957
Präsident von Rolls-Royce Marine und Leiter der Entwicklung der Drohnenschiff-Technologie

30-SEKUNDEN-TEXT
John Krupczak

Unbemannte Schiffe: höhere Sicherheit, geringere Kosten und Umweltverschmutzung.

N
W
UNIFEEDER
HYUNDAI
SIRRAH

ANHÄNGE

QUELLEN

BÜCHER

An Applied Guide to Process and Plant Design
Seán Moran
(Butterworth-Heinemann, 2015)

C. Y. O'Connor: His Life and Legacy
A. G. Evans
(University of Western Australia Press, 2001)

Design Paradigms: Case Histories of Error and Judgment in Engineering
Henry Petroski
(Cambridge University Press, 1994))

Disappearing Acts: Gender, Power, and Relational Practice at Work
Joyce K. Fletcher
(MIT Press, 2001)

Educating Engineers
Sheri D. Sheppard, Kelly Macatangay, Anne Colby & William Sullivan
(Jossey-Bass Wiley, 2009)

Electrochemical Science and Technology: Fundamentals and Applications
Keith Oldham, Jan Myland & Alan Bond
(John Wiley & Sons, 2012)

Engineering Culture
Gideon Kunda
(Temple University Press, 1992)

Engineering Practice in a Global Context: Understanding the Technical and the Social
Herausgegeben von Bill Williams, José Dias Figueiredo
& James P. Trevelyan
(CRC/Balkema, 2013)

Environmental and Economic Sustainability
Paul E. Hardisty
(CRC Press, 2010)

Everyday Engineering: An Ethnography of Design and Innovation
Dominique Vinck
(MIT Press, 2003)

Die geheime Welt der Bauwerke
Roma Agrawal
(Hanser, 2018)

Impossible Engineering: Technology and Territoriality on the Canal du Midi
Chandra Mukerji
(Princeton University Press, 2009)

Das innere Auge. Von der Kunst des Ingenieurs
Eugene S. Ferguson
(Birkhäuser, 1993

Introduction to Aerospace Materials
Adrian P. Mouritz
(American Institute of Aeronautics, 2012)

Introduction to Biomedical Engineering
John Enderle & Joseph Bronzino
(Academic Press, 2011)

Lees' Loss Prevention in the Process Industries: Hazard Identification, Assessment and Control
Frank Lees
(Butterworth-Heinemann, 2004)

The Making of an Expert Engineer
James P. Trevelyan
(CRC Press/Balkema, 2014)

Notes from Toyota-land: An American Engineer in Japan
Darius Mehri
(Cornell University Press, 2005)

Of Bicycles, Bakelite's, and Bulbs: Toward a Theory of Sociotechnical Change
Wiebe E. Bijker
(MIT Press, 1995)

Railway Transportation Systems: Design, Construction and Operation
Christos N. Pyrgidis
(Taylor & Francis, 2018)

The Reflective Practitioner: How Professionals Think in Action
Donald A. Schön
(Harper Collins, 1983)

Robots for Shearing Sheep: Shear Magic
James P. Trevelyan
(Oxford University Press, 1992)

Die Seele einer neuen Maschine
Tracey Kidder
(Birkhäuser, 1982)

Springer Handbook of Nanotechnology
Bharat Bhushan
(Springer, 2017)

Springer Handbook of Robotics
Oussama Khatib & Bruno Siciliano
(Springer, 2016)

Water Engineering
Nazih K. Shammasand & Lawrence K. Wang
(John Wiley & Son, 2016)

Werkstoffe 1: Eigenschaften, Mechanismen und Anwendungen; Werkstoffe 2: Metalle, Keramiken und Gläser, Kunststoffe und Verbundwerkstoffe
Michael F. Ashby und David R. H. Jones
(Spektrum, 2006)

WEBSITES

Environmental and Energy Study Institute
www.eesi.org

History of Computers
www.computerhistory.org

International Association for Hydro-Environment Engineering and Research
iahr.org/Web/News_Journals

Software Engineering Introduction
www.edx.org/course/software-engineering-introduction-ubcx-softeng1x

World Federation of Engineering Organizations
www.wfeo.org

ZU DEN AUTOREN

HERAUSGEBER

James Trevelyan ist Maschinenbauingenieur und CEO der Firma *Close Comfort*, die energieeffiziente Klimaanlagen entwickelt. Er leitete die Konstruktion von Schafschur- und Telerobotern und entwickelte Werkzeuge und Sicherheitsausrüstungen für die Minenräumung.

AUTOREN

Roma Agrawal, MBE ist eine Statikerin, die mit ihrem Beitrag zum Bau des Wolkenkratzers *The Shard* die Skyline von London mitgeprägt hat. Ihre Leidenschaft gilt der Karriereförderung für unterrepräsentierte Gruppen im Ingenieurbereich.

John Blake ist Professor für Ingenieurwesen an der *Austin Peay State University* in Tennessee und setzt sich für ein möglichst bevölkerungsweites Technik- und Technologieverständnis durch die Vermittlung entsprechender Kompetenzen ein.

Colin Brown ist Geschäftsführer der *Institution of Mechanical Engineers* in London, trug mit zur Vorhersage der Lebensdauer von Triebwerken bei und leitete Ingenieurbüros, die mit fortschrittlichen Werkstofftechnologien arbeiten.

George Catalano ist Professor für Medizintechnik an der *Binghampton University* in New York. Zu seinen Forschungsschwerpunkten gehören Aerodynamik, Mechanik turbulenter Strömungen, Ingenieurausbildung und Ethik.

Doug Cooper ist beratender Geotechniker mit 45 Jahren Berufserfahrung und hat sich auf die Planung, das Management und den Betrieb von Bergbauhalden spezialisiert.

Kate Disney hat am *Mission College* in Kalifornien Kurse aus zahlreichen Bereichen des Ingenieurwesens unterrichtet und setzt sich aktiv für ein besseres Technikverständnis in breiteren Kreisen der Gesellschaft ein.

Roger Hadgraft ist Bauingenieur und Direktor für Bildungsinnovation und technische Forschung an der *University of Technology Sydney*. Er setzt sich vehement für einen Wandel hin zu stärker praxisorientierten Lehrplänen in den Ingenieurwissenschaften ein.

Jan Hayes blickt auf eine lange Karriere in der Chemietechnik-Sicherheit zurück und ist heute außerordentlicher Professor für Soziologie an der *RMIT University* in Melbourne mit Schwerpunkt organisatorische Unfallverhütung.

Marlene Kanga ist Präsidentin der *World Federation of Engineering Organizations* und eine erfolgreiche Innovatorin, Start-up-Direktorin und Vorsitzende des *Australian Department of Industry Innovation and Science, R&D Incentives Committee*.

Ke Gong ist Elektronikingenieur, designierter Präsident der *World Federation of Engineering Organizations* und Professor für Elektrotechnik an den Universitäten Tsinghua, Tianjin und Nankai.

John Krupczak ist Professor für Ingenieurwissenschaften am Hope College in Michigan und setzt sich durch die Entwicklung von technischer und technologischer Kompetenz aktiv für ein besseres Verständnis für die Arbeit der Ingenieure in der Öffentlichkeit ein.

Raj Kurup ist Umweltberater, CEO bei *Environmental Engineers International* und außerordentlicher Professor der *University of Missouri* sowie an der *Murdoch University*. Er hat wirtschaftliche Ingenieurlösungen für die Abfallwirtschaft und das Abwasser entwickelt.

Julia Lamborn ist Professorin für Umwelttechnik an der *Monash University* in Melbourne. Sie entwarf zehn Jahre lang Kraftwerkskühltürme und organisierte ihren Bau, bevor sie zu Lehre und Forschung an der *Swinburne University* wechselte.

Andrew McVeigh ist promovierter Softwareingenieur und hat sich auf die Entwicklung großer Systeme spezialisiert. Er entwickelte Systeme für das Investmentbanking, die Spracherkennung und -synthese sowie für Videospiele mit und ist der Chefarchitekt von Hulu.

Seán Moran ist ein Chemieingenieur, der sich auf die Planung, Inbetriebnahme und Störungsbehebung von Kläranlagen und Wasseraufbereitungsanlagen spezialisiert hat.

Paul Newman ist Professor für Information Engineering an der Universität Oxford und Direktor des *Oxford Robotics Institute*. Er gründete 2014 *Oxbotica*, ein Softwareunternehmen für autonome Fahrzeuge, mit.

Jenn Stroud Rossmann ist Professorin für Maschinenbau am Lafayette College in Pennsylvania und Autorin der Essayreihe *An Engineer Reads a Novel*, in der sie Literaturkritik mit technokultureller Analyse verbindet.

Veena Sahajwalla ist Professorin für Materialwissenschaft und Werkstofftechnik an der *University of New South Wales* in Sydney und leitet das *Centre for Sustainable Materials Research and Technology* (SMaRT). Mit ihrer Forschung treibt sie in Zusammenarbeit mit der Industrie die Nachhaltigkeit von Werkstoffen und deren Verarbeitung voran.

Tomás A. Sancho ist Bauingenieur und Generaldirektor der *FYSEG, Fulcrum y SERS Engineering Group* in Madrid und ehemaliger Präsident der *Ebro Water Confederation* sowie Gründer von drei staatlichen spanischen Wasserversorgungsunternehmen.

Jonathan Scott ist Gründungsprofessor für Elektrotechnik an der Waikato University in Neuseeland und Experte für die Beschreibung, Messung und Simulation von Schaltungen und Systemen, insbesondere im Frequenzbereich von Funk und Mikrowellen.

Tim Sercombe ist Materialingenieur, Professor und Leiter der *Engineering School* an der University of Western Australia. Er erforscht additive Metallherstellungsverfahren für medizinische Implantate.

Paul Shearing ist Professor für Chemieingenieurwesen am *University College London*. Er forscht zu elektrochemischen Technologien und vertritt an der *Royal Academy of Engineering* neue Batterietechnologien.

Donglu Shi forscht an der University of Cincinnati zu Nanomaterialien für Anwendungen in den Bereichen Energie und Medizin. Er ist Mitherausgeber des *Journal of Nanomaterials* und Redaktionsmitglied von *Nano Research*.

Matthew L. Smith ist außerordentlicher Professor für Ingenieurwissenschaften am *Hope College* in Michigan und untersucht weiche Werkstoffe, die sich als Reaktion auf Veränderungen in der Umwelt und elastische Instabilitäten in künstlichen und biologischen Strukturen mechanisch verformen.

Jorge Spitalnik ist Nuklearingenieur, ehemaliger Präsident der *World Federation of Engineering Organizations* (WFEO) und geschäftsführender Direktor der *Pan American Union of Engineering Societies*. Außerdem hatte er auch den Vorsitz des WFEO-Energieausschusses inne und arbeitete als Projektmanager für *ELETRONUCLEAR* in Brasilien.

Neill Stansbury ist Bauingenieur und ehemaliger stellvertretender Vorsitzender des Komitees gegen Korruption der *World Federation of Engineering Organization*, ehemaliger Vorsitzender des Komitees gegen Korruption der Internationalen Organisation für Normung (ISO) und ehemaliger Vorsitzender der Arbeitsgruppe gegen Korruption der *British Standards Institution*.

INDEX